WATERBIRD
MONITORING
IN
LIAONING
YINGKOU
COASTAL
WETLAND

辽宁营口

滨海湿地水鸟监测

雷 威 高东旭 / 主 编
上官魁星 廖国祥 刘长安 / 副主编

中国环境出版集团 • 北京

图书在版编目（CIP）数据

辽宁营口滨海湿地水鸟监测 / 雷威, 高东旭主编 .
-- 北京 : 中国环境出版集团, 2022.1
ISBN 978-7-5111-5043-1

Ⅰ. ①辽… Ⅱ. ①雷… ②高… Ⅲ. ①海滨－沼泽化地－水禽－生物监测－营口 Ⅳ. ①Q959.708

中国版本图书馆CIP数据核字(2022)第024945号

出 版 人　武德凯
责任编辑　曲　婷
责任校对　任　丽
装帧设计　彭　杉

出版发行　中国环境出版集团
（100062 北京市东城区广渠门内大街16号）
网　　址：http://www.cesp.com.cn
电子邮箱：bjgl@cesp.com.cn
联系电话：010-67112765（编辑管理部）
发行热线：010-67125803 010-67113405（传真）
印　　刷　北京中献拓方科技发展有限公司
经　　销　各地新华书店
版　　次　2022年2月第1版
印　　次　2022年2月第1次印刷
开　　本　787×1092 1/16
印　　张　8
字　　数　180千字
定　　价　50.00元

前 言

滨海湿地水鸟监测主要是通过开展有目的性的持续调查，对滨海湿地不同时间、不同地点水鸟调查资料进行比较分析，以了解水鸟种群、群落及其栖息地的短期或长期变化趋势。

滨海湿地具有多方面的生态功能，拥有巨大的经济、生态和社会效益。然而，随着人类开发活动的不断加强，天然滨海湿地严重退化和丧失。加强滨海湿地保护与管理刻不容缓。滨海湿地水鸟监测结果可作为评价生态环境质量的重要指标参数。开展滨海湿地水鸟监测这一基础性工作有助于制定科学合理的滨海湿地保护管理策略。

西方国家开展滨海湿地水鸟监测工作有悠久的历史，形成了较成熟的监测技术标准规范；我国滨海湿地水鸟监测工作起步较晚，监测能力也较为薄弱。为进一步加强我国滨海湿地水鸟监测工作力度，制定专门的技术标准规范就显得格外重要和紧迫。近年来，我们在滨海湿地水鸟监测方面开展了大量的科研业务工作，并不断总结工作经验。在此基础上结合国家需求，研究编制标准《滨海湿地鸟类监测技术规程》。与此同时，我们以辽宁营口滨海湿地为调查监测区域，在中长期时间序列尺度上系统开展了滨海湿地水鸟监测试点工作。该项工作一方面为检验上述标准有关技术指标设定的科学性提供典型案例；另一方面为营口滨海湿地及其水鸟资源保护管理提供数据支撑。

本书全面总结了 2016~2021 年营口滨海湿地春季迁徙期水鸟监测情况，对获取的监测数据进行了汇总分析，并力求图文并茂、系统地介绍监测到的 5 目 9 科 44 种滨海湿地水鸟的物种名称、系统分类、鉴别特征、保护状况以及资源动态等方面的信息。全书共包含绪论、各论、附录和索引等内容。其中，绪论由雷威、高东旭、上官魁星编写；各论由高东旭、雷威编写；附录一由雷威、廖国祥、刘长安、高东旭编写；附录二由雷威、高东旭编写；附录三至附录六、索引、参考文献等由雷威、高东旭编写。受编写水平所限，不足之处实属难免，恳请批评指正！

最后，衷心感谢辽宁团山国家级海洋公园管理处对野外调查监测工作给予的大力支持！陈鹏飞、邢庆会等人协助开展野外调查监测工作，韩明辅提供部分珍贵资料，几位可敬的“鸟人”提供了部分珍贵“鸟照”，特此一并深表谢忱！本书的出版得到了国家自然科学基金项目（41806187）、福建省海洋生态保护与修复重点实验室开放基金项目（EPR2021002）以及 UNDP/GEF 黄海大海洋生态系二期项目的资金支持。

雷威

2022 年 1 月

目　录

第一篇　绪论

第二篇　各论

1

PART

INTRODUCTION

第一篇 绪 论

1　概述

1.1　滨海湿地水鸟监测的内涵

鸟类监测（bird monitoring）是指通过对时间、空间序列上鸟类群落的种类、数量和生境等进行重复调查，分析得出鸟类群落及其重要物种的变化趋势。鸟类监测不等同于单纯的观鸟活动，也不是简单的识鸟计数。

滨海湿地水鸟（coastal wetland waterbird）主要是指在生态上依赖于滨海湿地才能生存的鸟类，可大致分为游禽类和涉禽类两种生态类群水鸟，主要涉及雁形目、鹈鹕目、红鹳目、鹤形目、䴙形目、鹳形目、潜鸟目、鹱形目、鹳形目、鲣鸟目和鸻形目的部分鸟类。

滨海湿地水鸟监测主要是通过开展有目的性的持续调查，对滨海湿地不同时间、不同地点水鸟（包括繁殖鸟、越冬鸟以及迁徙鸟等）的调查资料进行比较分析，以了解水鸟种群、群落及其栖息地的短期或长期变化趋势。滨海湿地水鸟监测是生物多样性监测的重要指标和内容，也是鸟类生态学和野生动物管理学的重要研究课题之一，它不仅与鸟类的受威胁状况评价、资源保护利用等方面有密切关系，而且调查监测结果还可以作为评价区域生态环境质量的重要指标参数。

1.2　滨海湿地水鸟监测的意义

作为近岸海域生态系统的顶级消费者，滨海湿地水鸟对周围生态环境变化非常敏感，因此对生态平衡和环境质量能起到很好的指示作用。滨海湿地水鸟是湿地生态系统的重要组成部分，水鸟的种类、数量、分布以及健康状况是反映整个湿地生态环境健康状况的重要指标。此外，滨海湿地水鸟处于食物链的顶端，与人类所处的营养级较为接近，利用其作为指示生物的滨海湿地健康状况评估结果对于评价人类所面临的海洋生态环境风险具有重要参考价值。滨海湿地水鸟监测结果可作为评价生态环境质量的重要指标参数。

滨海湿地具有改善近岸海域水质、保护海洋生物多样性、防范海洋灾害和应对气候变化等多方面的生态功能；同时，滨海湿地的碳汇功能强大，是降低大气二氧化碳浓度、减缓全球气候变化的重要生态空间。滨海湿地既是宝贵的自然资源，也是山水林田湖草生命共同体的重要组成部分。加强滨海湿地保护管理，对于维护国家生态安全、促进陆海统筹、构建海洋生态环境治理体系和推进生态文明建设等均具有重要意义。滨海湿地拥有巨大的经济效益、生态效益和社会效益，我国丰富的滨海湿地资源对海洋经济开发与建设具有极其重要的战略意义；与此同时，我国滨海湿地是数百万只水鸟南北迁徙的关键驿站。然而，随着人类开发活动的不断加强，我国天然滨海湿地严重退化甚至丧失。天然滨海湿地持续减少和退化迫使水鸟正面临着栖息地丧失、环境污染和食物供应不足等困境，加强滨海湿地及水鸟保护管理刻不容缓。开展滨海湿地水鸟监测这一基础性工作有助于制定科学合理的滨海湿地保护管理策略。为遏制滨海湿地水鸟栖息环境进一步恶化，对滨海湿地水鸟及其栖息地开展科学的调查监测显得格外重要和紧迫。

近年来，我国高度重视滨海湿地及水鸟的保护管理工作。《国务院关于加强滨海湿地保护　严格管控围填海的通知》以及国家海洋局《关于加强滨海湿地管理与保护工作的指导意见》均指出滨海湿地对水鸟生存繁衍的重要意义，并强调要进一步加强滨海湿地水鸟保护管理；国务院办公厅印发的《湿地保护修复制度方案》更是明确要求我国水鸟种类不低于 231 种；2021 年，国家林业和草原局、农业农村部联合发布《国家重点保护野生动物名录》，对包括滨海湿地水鸟在内的野生动物保护级别进行优化调整。调查监测不仅为管理者提供生态环境变化信息，还可以帮管理者评估、监督和了解以往的生态环境保护工作是否达到了预期效果，从而为进一步制订科学的保护管理计划和措施提供重要依据。上述这些政策的制定和实施离不开调查监测工作的有力支撑。开展滨海湿地水鸟调查监测不仅为相关规章制度、规范性文件等的顺利执行提供基本措施和手段，而且基于水鸟调查监测的滨海湿地现状综合分析评价结果，可为滨海湿地水鸟及其栖息地保护提供综合而直观的科学依据。

1.3　滨海湿地水鸟监测的现状

国内外对滨海湿地水鸟的分布、种类、数量、受胁因素和迁徙时空变化等方面的监测工作十分关注。对水鸟及其栖息地的监测与保护管理也已经成为《关于特别是作为水禽栖息地的国际重要湿地公约》《生物多样性公约》《濒危野生动植物种国际贸易公约》《保护迁徙野生动物物种公约》《中华人民共和国政府和澳大利亚政府保护候鸟及其栖息环境的协定》（以下简称中澳协定保护候鸟）、《中华人民共和国政府和日本国政府保护候鸟及其栖息环境协定》（以下简称中日协定保护候鸟）等众多国际保护公约的具体要求。

西方发达国家开展滨海湿地水鸟监测工作有悠久的历史，形成了较成熟的监测技术标准规范。19 世纪初，欧美国家率先开展了一系列鸟类大尺度长期监测项目，例如美国圣诞鸟类调查（Christmas Bird Census，CBC）、英国常见鸟类调查（Common Birds Census，CBC）、北美洲和英国繁殖鸟类调查（Breeding Bird Survey，BBS）、泛欧洲鸟类观测计划（Pan-European Common Bird Monitoring Scheme，PECBMS）。近年来，越来越多的全球跨区域水鸟监测网络也发挥着重要作用，例如全球生物多样性观测网络（Group on Earth Observations-Biodiversity Observation Network，GEO·BON）、国际鸟盟重要鸟区（Important Bird Area，IBA）、国际水鸟资源调查（International Waterbird Census，IWC）、亚洲水鸟资源调查（Asian Waterbird Census，AWC）、东亚—澳大利西亚候鸟迁飞区伙伴关系（East Asian-Australasian Flyway Partnership，EAAFP）。国际鸟盟（BirdLife International）、世界自然保护联盟（International Union for Conservation of Nature and Natural Resources，IUCN）、湿地国际（Wetlands International，WI）、全球环境基金（Global Environment Facility，GEF）、世界自然基金会（World Wide Fund For Nature，WWF）、保尔森基金会（Paulson Institute）等众多国际组织均将滨海湿地水鸟调查监测作为重点和特色工作内容。

整体而言，我国滨海湿地水鸟监测工作起步较晚，监测能力较为薄弱。目前，我国较系统的滨海湿地水鸟调查监测工作主要由林业和草原、生态环境、自然资源等相关领域的政府部门、高等院校、科研院所、非政府组织（NGO）等单位组织开展。我国于 1992 年成为《关于特别是作为水禽栖息地的国际重要湿地公约》以及《生物多样性公约》的履约国。国家林业和草原局是我国主要负责《关于特别是作为水禽栖息地的国际重要湿地公约》履约的政府部门。国家林业和草原局先后于 1995—2003 年、2009—2013 年组织开展了两次全国湿地资源调查，两次调查均将湿地鸟类作为重点内容，且均记录到丹顶鹤（*Grus japonensis*）、白鹤（*Grus leucogeranus*）、白头鹤（*Grus monacha*）、白枕鹤（*Grus vipio*）、东方白鹳（*Ciconia boyciana*）、黑脸琵鹭（*Platalea minor*）、小天鹅（*Cygnus columbianus*）等国内外重点保护的滨海湿地水鸟。生态环境部是我国主要负责《生物多样性公约》履约的政府部门。为切实履行《生物多样性公约》以及贯彻落实《中国生物多样性保护战略与行动计划》（2011—2030 年），生态环境部自 2011 年起积极组织相关科研院所、高等院校、自然保护区管理机构和民间团体共同开展全国鸟类多样性观测网络（China Bird Diversity Observation Network，China BON-Birds）建设工作。2020 年，生态环境部组织开展了辽宁丹东、庄河、大连、营口、盘锦，河北唐山，天津滨海新区，山东滨州、东营，江苏盐城，上海崇明，浙江宁波、温州，福建厦门、漳州，广东湛江，广西北海、防城港和海南海口19处重要滨海湿地水鸟调查监测业务工作。自然资源部（含国家海洋局）是我国履行相关国际公约的重要政府部门之一。原国家海洋局高度重视滨海湿地管理与保护工作，并积极开展滨海湿地水鸟调查监测业务工作。2017年，部署沿海各省、自治区、直辖市及计划单列市海洋厅（局）负责本行政区的滨海湿地水鸟调查监测工作，并组织部分直属单位开展辽宁双台子河口、山东黄河口、上海崇明东滩、广西北仑河河口滨海湿地水鸟调查监测试点工作。2018年，国家海洋局进一步部署开展辽宁盘锦，河北唐山，天津滨海新区，山东滨州、东营、潍坊、青岛，江苏盐城，上海崇明三岛、九段沙，浙江宁波、温州，福建漳州，广东阳江、特呈岛、湛江，广西山口、北仑河河口和海南东寨港19处重要滨海湿地水鸟调查监测业务工作。除有关政府部门以外，一些高等院校、科研院所、非政府组织（NGO）、民间团体等也开展了滨海湿地水鸟调查监测相关工作。

1.4　滨海湿地水鸟监测的标准规范

由于滨海湿地水鸟调查监测工作存在较强的人为主观因素，往往出现调查监测数据误差过大，无法较准确地反映滨海湿地水鸟现状的问题，因此在滨海湿地水鸟调查监测实际工作过程中，统一的技术标准规范就显得格外重要。然而，长久以来我国一直没有专门的滨海湿地水鸟监测技术标准规范，仅在《滨海湿地生态监测技术规程》（HY/T 080—2005）、《生物多样性观测技术导则　鸟类》（HJ 710.4—2014）、《海上风电工程环境影响评价技术规范》等技术规范中涉及并简单介绍。随着我国生态文明建设力度的加大，客观上需要全面了解滨海湿地水鸟及其栖息地生态状况，今后滨海湿地水鸟调查监测工作的开展迫切需要专门的技术标准规范作为强有力的工具。

近年来，我们在滨海湿地水鸟调查监测方面开展了大量的科研业务工作，并在此过程中不断总结工作经验。在此基础上结合国家需求，研究编制了行业标准《滨海湿地鸟类监测技术规程》。该标准规定了滨海湿地水鸟监测相关的技术要求，包括监测原则、监测程序、监测对象、监测内容和指标、监测时间和频次、监测样线和样点、监测方法、数据处理、监测报告、质量控制和安全管理等方面的内容。相比之下，上述相关标准要么只是简略地提及滨海湿地鸟类监测，而未对具体的监测原则、程序、对象、内容和指标、时间和频次、样线和样点、方法、数据处理、监测报告、质量控制和安全管理等方面的内容进行详细规定；要么是针对整个鸟类且主要是非滨海湿地鸟类而制定的，对于滨海湿地水鸟监测工作而言可操作性不强、应用价值不大。《滨海湿地鸟类监测技术规程》的制定，首次对滨海湿地水鸟监测的主要内容、技术要求和调查监测方法等方面进行标准化，极大地提高了滨海湿地水鸟监测工作的客观性、科学性和准确性，为滨海湿地水鸟调查监测工作的顺利开展提供了有重要参考价值的技术规范。

2 营口滨海湿地水鸟监测工作概况

辽宁营口滨海湿地是全球水鸟南北迁徙的重要驿站。然而，有关营口滨海湿地水鸟现状调查监测的系统研究尚未见报道。正因如此，我们在研究编制有关监测技术标准规范的同时，遴选营口滨海湿地作为调查监测区域，在中长期（2016—2021年）时间序列尺度上首次较为系统地开展滨海湿地水鸟监测试点工作，以期为检验标准有关技术指标设定的科学性提供典型案例，也为营口滨海湿地及其水鸟资源保护管理提供数据支撑。营口滨海湿地水鸟监测试点工作的开展可为我国其他滨海湿地水鸟监测提供有价值的参考与示范。

2.1 营口滨海湿地简介

营口市地处渤海东岸，是全国唯一一个西朝大海的地级市，也是我国东北第二大港口城市。营口位于东北亚经济圈、环渤海经济圈和辽宁沿海经济带、沈阳经济区的叠加位置，大辽河入海口左岸；是东北腹地最近的出海口、辽东半岛中枢、沈阳经济区唯一的出海通道，具有承启东西、连贯南北的独特区位优势。

据资料记载，营口近海有海洋生物400多种，鱼、虾、贝、藻等经济生物以及海洋、滨岸物种种类繁多，尤其是对虾、毛虾、海蜇在国内外享有盛誉，周边海域还有一定面积的生物产卵场、索饵场、越冬场和洄游通道。营口近海海域也是斑海豹的重要栖息地之一。营口市海洋旅游资源条件优越，比较著名的滨海旅游区、沙滩浴场资源各有近10处。营口滨海湿地属黄渤海湿地的重要组成部分，是我国北方典型的滨海湿地，类型主要包括浅海水域、淤泥质海滩、河口水域、海水养殖场、盐田等。1991—2021年营口滨海湿地变化情况见图2.1.1和图2.1.2。随着经济社会不断发展，30年间营口滨海湿地面积整体上呈持续减少态势，2016年以来面积减少趋势有所放缓。

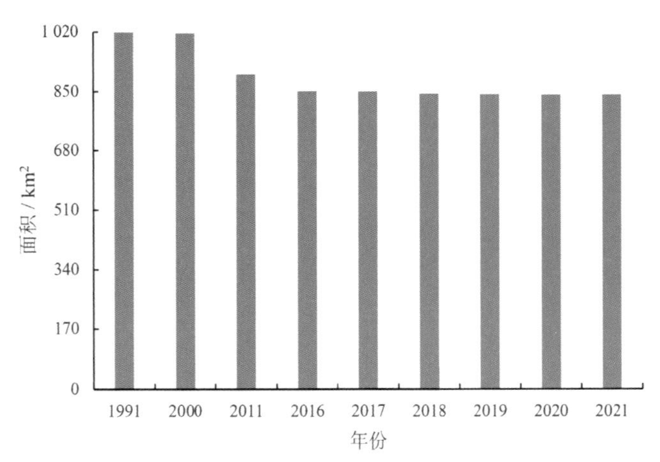

图 2.1.1　1991—2021 年营口滨海湿地面积变化情况

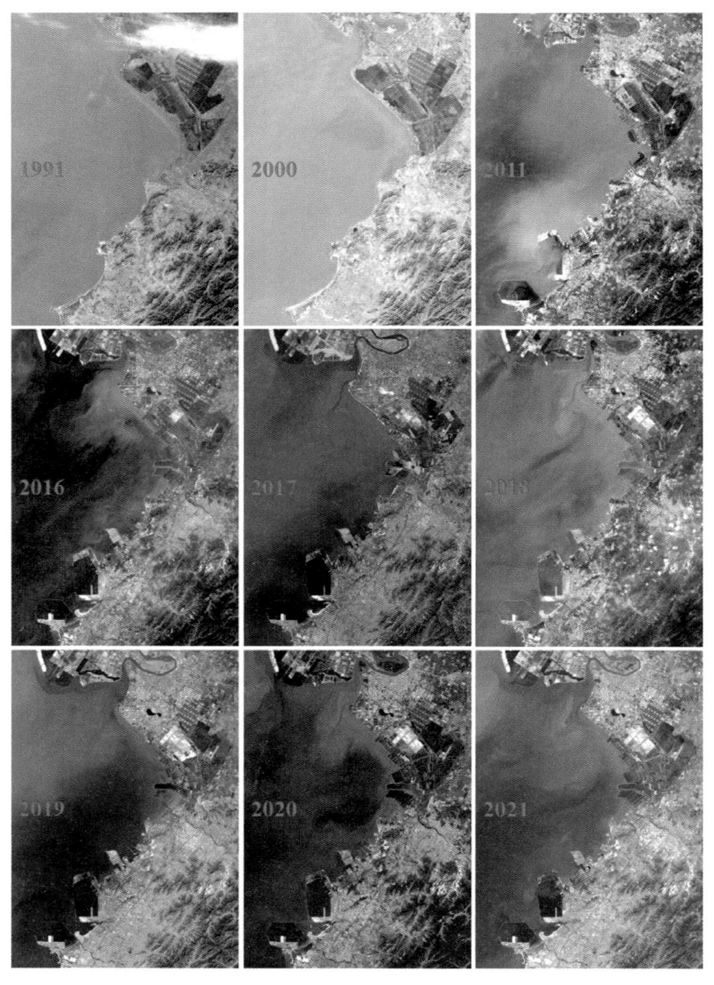

图 2.1.2　1991—2021 年营口滨海湿地遥感影像

《辽宁团山国家级海洋公园总体规划（2018—2028年）》《辽宁团山国家级海洋公园选划论证报告》等有关资料显示，营口滨海湿地所在海域7月下旬平均水温表底层相差不大，均在25.2～25.4℃；冰期为129d，初冰在11月中旬，终冰在3月下旬；固定冰范围1～5 km，冰厚30～50 cm，最大达100 cm；海面堆积冰一般高2～3 m，沿岸可达4 m以上。营口近海区域地形和水域开阔，沿岸的波浪以风浪为主，涌浪较少；因受风的控制，浪向随季节变化明显，平均浪高为0.2～0.6 m。海流以潮流为主，潮流的方向与岸线平行，并具有明显的往复性；涨潮流向为北东向，落潮流向为南西向，最大涨潮流在高潮前2～3 h，最大落潮流在高潮后3～4 h，平均涨落潮流速为0.4～0.6节。涨潮流速大于落潮，涨潮历时小于落潮，大潮流速大于小潮，最大实测流速为0.96 m/s。潮汐属不规则半日潮型，最高潮位+4.75 m，最低潮位−1.1 m，平均潮差2.56 m，最大潮差5.4 m。

营口滨海湿地所在海区水体pH为7.89～8.07，平均值为7.99；单因子污染指数值为0.93～0.95，平均单因子污染指数为0.94。DO含量范围为7.82～8.32 mg/L，平均值为8.07 mg/L；单因子污染指数变化范围为0.58～0.64，平均单因子污染指数为0.62。COD含量范围为0.75～1.8 mg/L，平均值为1.36 mg/L；单因子污染指数变化范围为0.25～0.60，平均单因子污染指数为0.45。油类含量范围为0.015～0.028 mg/L，平均值为0.021 mg/L；单因子污染指数范围为0.30～0.56，平均单因子污染指数为0.43。活性磷酸盐浓度范围为0.001～0.015 mg/L，平均值为0.005 mg/L；单因子污染指数范围为0.03～0.50，平均单因子污染指数为0.16。无机氮浓度范围为0.665～0.935 mg/L，平均值为0.759 mg/L；单因子污染指数范围为2.22～3.12，平均单因子污染指数为2.53。镉的质量浓度范围为0.000 3～0.000 5 mg/L，平均质量浓度为0.000 4 mg/L；单因子污染指数范围为0.06～0.12，平均单因子污染指数为0.08。铜的质量浓度范围为0.000 9～0.003 3 mg/L，平均质量浓度为0.001 8 mg/L；单因子污染指数范围为0.09～0.33，平均单因子污染指数为0.18。铅的质量浓度范围为0.000 3～0.001 3 mg/L，平均质量浓度为0.000 7 mg/L；单因子污染指数范围为0.05～0.27，平均单因子污染指数为0.14。锌的质量浓度范围为0.008 2～0.031 9 mg/L，平均质量浓度为0.014 3 mg/L；单因子污染指数的变化范围为0.16～0.64，平均单因子污染指数为0.29。汞的浓度范围为0.000 05～0.000 09 mg/L，平均质量浓度为0.000 072 mg/L；单因子污染指数的变化范围为 0.27 ～ 0.47，平均单因子污染指数为 0.36。砷的质量浓度范围为 0.003 2 ～ 0.004 2 mg/L，平均浓度为 0.003 9 mg/L；单因子污染指数的变化范围为 0.10 ～ 0.15，平均单因子污染指数为 0.13。综上所述，营口滨海湿地所在海区水体中的无机氮超过二类海水水质标准的限值，其他各因子均达到二类海水水质标准。

营口滨海湿地所在海区沉积物中铜含量（质量分数，下同）变化范围为（28.8 ～ 34.4）$\times10^{-6}$，平均含量为 31.5$\times10^{-6}$，单因子污染指数为 0.82 ～ 0.98。铅含量变化范围为（23.7 ～ 32.2）$\times10^{-6}$，平均含量为 28.9$\times10^{-6}$，单因子污染指数为 0.40 ～ 0.54。锌含量变化范围为（85.5 ～ 95.5）$\times10^{-6}$，平均含量为 90.3$\times10^{-6}$，单因子污染指数为 0.57 ～ 0.64。镉含量变化范围为（0.136 ～ 0.457）$\times10^{-6}$，平均含量为 0.27$\times10^{-6}$，单因子污染指数为 0.27 ～ 0.91。砷含量变化范围为（6.94 ～ 14.4）$\times10^{-6}$，平均含量为 10.7$\times10^{-6}$，单因子污染指数为 0.35 ～ 0.72。总汞含量变化范围为（0.046 ～ 0.077）$\times10^{-6}$，平均含量为 0.056$\times10^{-6}$，单因子污染指数为 0.23 ～ 0.39。硫化物含量变化范围为（47.7 ～ 142.5）$\times10^{-6}$，平均含量为 82.3$\times10^{-6}$，单因子污染指数为 0.16 ～ 0.48。石油类含量变化范围为（174.8 ～ 227.3）$\times10^{-6}$，平均含量为 203.2$\times10^{-6}$，单因子污染指数为 0.35 ～ 0.45。TOC 含量变化范围为（0.55 ～ 0.72）$\times10^{-2}$，平均含量为 0.63$\times10^{-2}$，单因子污染指数为 0.28 ～ 0.36。综上所述，营口滨海湿地所在海区沉积物中各类因子均符合一类沉积物质量标准。

营口滨海湿地所在海区共发现浮游植物 2 门 15 属 23 种，种类组成以硅藻为主，多为温带近岸广布性种，常见类型为具槽直链藻、中肋骨条藻、优美旭氏藻矮小变型、洛氏角毛藻。浮游植物细胞数量变化范围为 3 206.08 万～ 11 935.10 万个 /m^3，平均值为 7 157.20 万个 /m^3。浮游动物有 8 种，其中桡足类 4 种、浮游幼体 3 种、毛颚类 1 种，主要优势种为桡足类无节幼体，从生态属性方面来看，多数种类属于近岸、低盐类型。浮游动物个体密度的变化范围为 1 468.3 ～ 19 146.7 个 /m^3，平均值为 11 978.8 个 /m^3。浮游动物生物量变化范围为 11.3 ～ 128.4 mg/m^3，变化幅度较大，平均生物量为 64.9 mg/m^3，其中桡足类无节幼体数量较大，个体密度平均为 9 788.0 个 /m^3，占浮游动物平均个体密度的 81.7%。底栖动物 6 个门类 37 种，其中环节动物 19 种，软体动物 11 种，节肢动物 4 种，腔肠动物、纽形动物、棘皮动物均为 1 种；环节动物多毛类为底栖动物数量优势种，软体动物贝类为生物量优势种。短竹蛏、凸镜蛤、毛蚶栖息密度在 10 个 /m^2 左右，文蛤栖息密度在 30 个 /m^2 左右。春季（5—6 月）鱼卵共有 6 种，平均密度为 1.035 2 粒 /m^3；夏季（8 月）有 4 种，平均密度为 0.1205

粒 /m³；秋季（10 月）有 3 种，平均密度为 0.055 2 粒 /m³。春季（5—6 月）仔鱼有 6 种，密度为 0.523 6 尾 /m³；夏季（8 月）有 7 种，密度为 0.201 5 尾 /m³。

迁徙是滨海湿地水鸟最重要的自然现象之一，营口滨海湿地丰富的自然资源和良好的生态环境每年吸引大量迁徙水鸟前来栖息。营口滨海湿地是全球水鸟南北迁徙途中补充能量的重要驿站，是东亚—澳大利西亚鸟类迁飞路线以及西太平洋鸟类迁飞路线的重要组成部分（图 2.1.3），是鸟类迁徙的中转站和优良的越冬、停歇、繁衍场所。营口滨海湿地水鸟春季迁徙期为每年 3 月底持续到 5 月初。

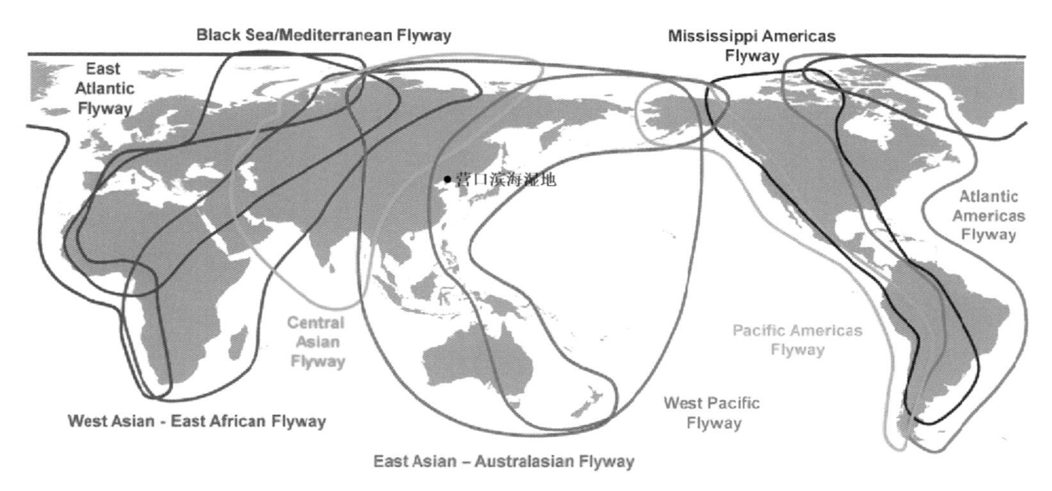

Atlantic Americas Flyway 大西洋美洲地区鸟类迁飞路线
Black Sea/Mediterranean Flyway 黑海 / 地中海鸟类迁飞路线
Central Asian Flyway 中亚鸟类迁飞路线
East Asian-Australasian Flyway 东亚—澳大利西亚鸟类迁飞路线
East Atlantic Flyway 东大西洋鸟类迁飞路线
Mississippi Americas Flyway 美洲地区密西西比鸟类迁飞路线
Pacific Americas Flyway 太平洋美洲地区鸟类迁飞路线
West Asian-East African Flyway 西亚—东非鸟类迁飞路线
West Pacific Flyway 西太平洋鸟类迁飞路线

图 2.1.3 营口滨海湿地与全球九大鸟类迁飞路线（数据资料引自 EAAFP 秘书处）

2.2 水鸟监测结果与讨论

作者 2016—2021 年连续 6 年对营口滨海湿地春季迁徙期水鸟种类和数量进行了调查监测。6 年的长期调查监测共记录到水鸟 5 目 9 科 44 种，其中鸻鹬类、鸥类及雁鸭类是营口滨海湿地春季迁徙期水鸟的主要类群。年际水鸟物种数和个体数总体均呈增加趋势，翘鼻麻鸭（*Tadorna tadorna*）等 6 种优势种处于动态变化之中。记录到的 44 种水鸟都被列入国内外有关保护条例，且记录到达到全球种群评估数量 1% 标准的濒危大杓鹬（*Numenius madagascariensis*）、易危黑嘴鸥（*Saundersilarus saundersi*）等 7 种水鸟，表明营口滨海湿地及水鸟具有国际重要保护价值。为更好地保护营口滨海湿地水鸟及其栖息地，建议尽早在目前未受保护的营口滨海湿地新建国家公园、自然保护区或自然公园，或纳入生态保护红线，并将营口滨海湿地申报列入《国际重要湿地名录》。

2.2.1 监测站位

根据前期现场踏勘，结合文献资料记载，确定营口适合滨海湿地水鸟栖息的区域主要集中分布在大辽河入海口左岸与辽宁团山国家级海洋公园之间的浅海水域、淤泥质海滩、河口水域、海水养殖场、盐田等生境（图 2.2.1 ～图 2.2.5）。辽宁团山国家级海洋公园以南的盖州市和鲅鱼圈区（营口经济技术开发区）沿海则由于大规模的港口航运、滨海旅游、化工厂作业、围填海开发建设等人类活动（图 2.2.6），鲜有水鸟栖息。按照滨海湿地水鸟监测工作的科学性、长期性、连续性、固定性、可操作性等基本原则，在营口滨海湿地水鸟集中分布区选取具有代表性的调查监测区域，并根据具体地形、地貌和滨海湿地水鸟集群情况等，确定每个调查监测区域的样地、样线、样点等。

图 2.2.1　浅海水域

图 2.2.2 淤泥质海滩

图 2.2.3 河口水域

图 2.2.4 海水养殖场

图 2.2.5　盐田

图 2.2.6　人类活动——滨海旅游

2.2.2　监测时间与频次

营口滨海湿地水鸟集中分布于每年春季迁徙期，即每年 3 月底到 5 月初，根据前期现场踏勘，确定其迁徙高峰期为每年 4 月中下旬。据此，作者分别于 2016 年 4 月 22 日、2017 年 4 月 22 日、2018 年 4 月 20 日、2019 年 4 月 20 日、2020 年 4 月 22 日、2021 年 4 月 20 日对营口滨海湿地春季迁徙期水鸟种类和数量各进行一次调查监测。

2.2.3 监测与评价方法

滨海湿地水鸟调查监测根据监测区域实际情况选用相应的最佳方法，借助单（双）筒望远镜、长焦距镜头照相机、摄像机等，对调查监测区域内的水鸟进行观测记录。根据划分的区域及人员组成，以小组为单位对各分区展开调查监测，每小组包括 2 ～ 4 名成员，且至少配一名有丰富经验的调查监测人员。为尽可能地减少人为误差，每年调查监测的区域及路线均保持一致，且水鸟识别和计数均由同一人完成。

采用 Shannon-Wiener 多样性指数、Pielou 均匀度指数、Margalef 丰富度指数和 Simpson 优势度指数对营口滨海湿地水鸟群落多样性进行评价。计算公式如下：

（1）Shannon-Wiener 多样性指数

$$H' = -\sum_{i=1}^{s} P_i \log_2 P_i$$

式中：H' 为多样性指数；S 为记录到的水鸟种类总数；P_i 为第 i 种的个体数与总个体数的比值（将 $P_i \geqslant 10\%$ 的物种计为优势种）。

（2）Pielou 均匀度指数

$$J = H'/H_{max}$$

式中：J 为均匀度指数；H' 为多样性指数；H_{max} 为多样性指数的最大值（$\log_2 S$）。

（3）Margalef 丰富度指数

$$d_{Ma} = (S-1)/\log_2 N$$

式中：d_{Ma} 为丰富度指数；S 为记录到的水鸟种类总数；N 为所有水鸟的总个体数。

（4）Simpson 优势度指数

$$C = 1-\sum_{i=1}^{s} {P_i}^2$$

式中：C 为优势度指数；S 为记录到的水鸟种类总数；P_i 为第 i 种的个体数与总个体数的比值。

2.2.4 监测结果与讨论

（1）水鸟群落结构

根据 2016—2021 年连续 6 年对营口滨海湿地水鸟调查监测的数据统计结果，在营口滨海湿地共记录到水鸟 5 目 9 科 44 种（图 2.2.7 和图 2.2.8，详见附录二），约占我国湿地水鸟物种总数的16.24%。其中，雁形目1科5种，鹈鹕目1科2种，鹤形目1科1种，鸻形目5科34种，鹈形目1科2种；鸻形目水鸟物种数占记录物种总数的百分比最高（77.27%），鹤形目最低（2.27%）。鹬科水鸟物种数占记录物种总数的百分比最高（40.91%），秧鸡科和蛎鹬科均为最低（2.27%）；鸻鹬类26种，占记录物种总数的59.09%；鸥类8种，占记录物种总数的18.18%；雁鸭类5种，占记录物种总数的11.36%。由此可知，鸻鹬类、鸥类及雁鸭类（共占记录物种总数的88.64%）是营口滨海湿地春季迁徙期水鸟的主要类群。

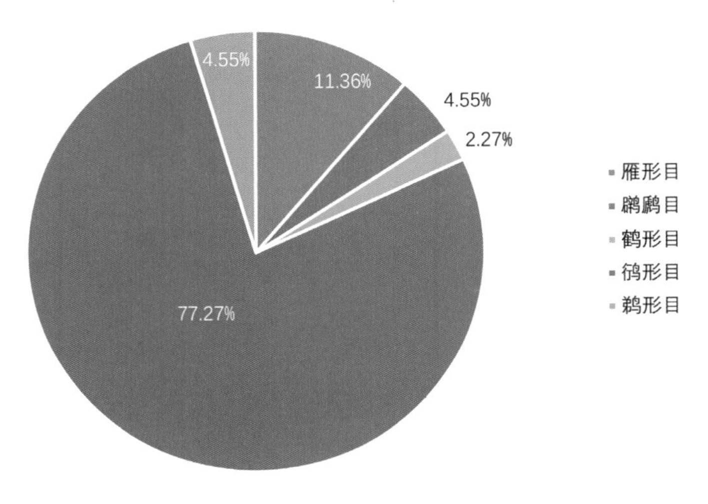

图 2.2.7　营口滨海湿地水鸟各目物种数占比

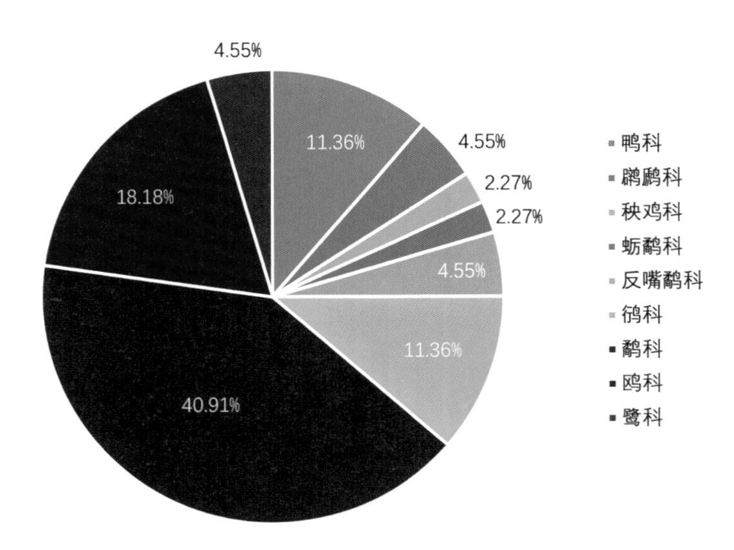

图 2.2.8　营口滨海湿地水鸟各科物种数占比

居留型方面，旅鸟有 29 种，占记录物种总数的 65.91%；夏候鸟有 14 种，占记录物种总数的 31.82%；留鸟有 1 种，占记录物种总数的 2.27%。由此可知，水鸟群落的居留型以旅鸟和夏候鸟为主，这和调查监测时间恰好处于春夏交际、候鸟迁徙期密切相关。

（2）重点保护物种

在监测到的 44 种滨海湿地水鸟中，属于《世界自然保护联盟红色名录》濒危等级（野生种群面临即将绝灭的概率非常高）的有 2 种：大杓鹬、大滨鹬（*Calidris tenuirostris*），易危等级（野生种群在未来一段时间后面临绝灭的概率较高）的有 2 种：黑嘴鸥、遗鸥（*Ichthyaetus relictus*）；被列入《濒危野生动植物物种国际贸易公约》附录 I（物种有灭绝的危险，其贸易必须特别严格管理）的有 1 种：遗鸥；被列入《保护迁徙野生动物物种公约》附录 I（濒危的迁徙物种）的有 2 种：黑嘴鸥、遗鸥，附录 II（处于不利保护状况的迁徙物种和需要国际协定来保护和管理的迁徙物种）的有 1 种：红腹滨鹬（*Calidris canutus*）；属于《国家重点保护野生动物名录》I 级（特产稀有或濒临灭绝的物种）的有 2 种：黑嘴鸥、遗鸥，II 级（数量稀少、分布区狭窄、有灭绝危险的物种）的有 7 种：大天鹅（*Cygnus cygnus*）、半蹼鹬（*Limnodromus semipalmatus*）、小杓鹬（*Numenius minutus*）、白腰杓鹬（*Numenius arquata*）、大杓鹬、翻石鹬（*Arenaria interpres*）、大滨鹬；属于《中国濒危动物红皮书》易危等级（野生种群已经明显下降，如不采取有效保护措施，势必成为“濒危”者）的有 3 种：大天鹅、黑嘴鸥、遗鸥；22 种水鸟被列入《中华人民共和国政府和澳大利亚政府保护候鸟及其栖息环境的协定》，占记录物种总数的 50%；32 种水鸟被列入《中华人民共和国政府和日本国政府保护候鸟及其栖息环境协定》，占记录物种总数的 72.73%；属于《国家保护的、有益的或者有重要经济、科学研究价值的陆生野生动物名录》（以下简称中国“三有”保护鸟类）的物种多达 40 种，占记录物种总数的 90.91%（表 2.2.1）。在营口滨海湿地记录到的 44 种水鸟均被列入国内外有关保护法规条例，体现了营口滨海湿地水鸟的珍稀濒危性以及该地区在候鸟迁徙过程中的地理区位重要性。

表 2.2.1　营口滨海湿地水鸟受保护情况

保护类型	IUCN①			CITES②		CMS③		中外候鸟保护协定④		国家重点保护等级⑤		中国濒危动物红皮书⑥		"三有"保护鸟类⑦
	CR	EN	VU	I	II	I	II	中澳	中日	I	II	E	V	
种数 / 种	0	2	2	1	0	2	1	22	32	2	7	0	3	40
占比 / %⑧	0	4.55	4.55	2.27	0	4.55	2.27	50.00	72.73	4.55	15.91	0	6.82	90.91

注：①《世界自然保护联盟红色名录》等级："CR"表示极危等级，"EN"表示濒危等级，"VU"表示易危等级；②按《濒危野生动植物物种国际贸易公约》（CITES）附录 I 和 II 标注；③按《保护迁徙野生动物物种公约》（CMS）附录 I 和附录 II 标注；④中外候鸟保护协定："中澳"表示《中华人民共和国政府和澳大利亚政府保护候鸟及其栖息环境的协定》，"中日"表示《中华人民共和国政府和日本国政府保护候鸟及其栖息环境协定》；⑤国家重点保护动物等级：I 级、II 级；⑥《中国濒危动物红皮书》等级："E"表示濒危等级，"V"表示易危等级；⑦"'三有'保护鸟类"即被列入《国家保护的、有益的或者有重要经济、科学研究价值的陆生野生动物名录》的鸟类；⑧"占比"即被列入指定保护类型的水鸟物种数占记录到的水鸟物种总数的百分比。

（3）种类和数量年际变化

营口滨海湿地 2016—2021 年连续 6 年都有记录的水鸟有 9 种，为翘鼻麻鸭（*Tadorna tadorna*）、反嘴鹬（*Recurvirostra avosetta*）、环颈鸻（*Charadrius alexandrinus*）、白腰杓鹬、大杓鹬、红脚鹬（*Tringa totanus*）、红嘴鸥（*Chroicocephalus ridibundus*）、黑嘴鸥、黑尾鸥（*Larus crassirostris*），表明这些水鸟可能高度依赖营口滨海湿地。仅在 1 年中被记录的水鸟有 13 种，为大天鹅、绿头鸭（*Anas platyrhynchos*）、普通秋沙鸭（*Mergus merganser*）、凤头䴙䴘（*Podiceps cristatus*）、白骨顶（*Fulica atra*）、蛎鹬（*Haematopus ostralegus*）、半蹼鹬、翻石鹬、红颈滨鹬（*Calidris ruficollis*）、青脚滨鹬（*Calidris temminckii*）、普通燕鸥（*Sterna hirundo*）、苍鹭（*Ardea cinerea*）、白鹭（*Egretta garzetta*），说明营口滨海湿地并不是这些水鸟的固定栖息地。在 3 年、4 年或 5 年中被记录的水鸟物种数最少（均为 5 种），占记录物种总数的 11.36%（图 2.2.9）。

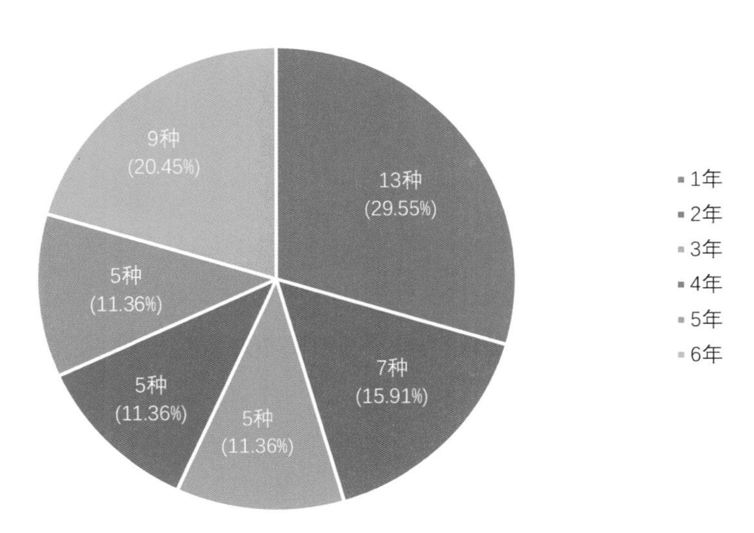

图 2.2.9　营口滨海湿地水鸟物种数年际分布

营口滨海湿地 2016—2021 年水鸟物种数和个体数年际变化趋势如图 2.2.10 所示。2019 年水鸟种类最少，为 18 种；2018 年和 2021 年水鸟种类最多，均为 28 种；2016 年水鸟个体数最少，为 8 582 只；2021 年水鸟个体数最多，达 24 665 只。总体上，营口滨海湿地水鸟物种数和个体数经过波动后均有增加的趋势。

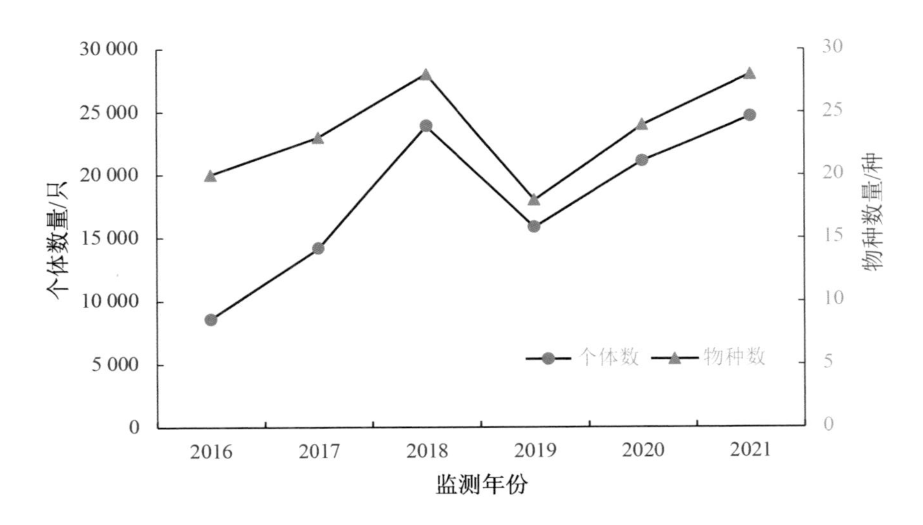

图 2.2.10　营口滨海湿地水鸟物种数和个体数年际变化趋势

2016—2021 年在营口滨海湿地调查监测中记录到水鸟群落优势种共 6 种（表 2.2.2）。2016 年、2017 年、2018 年、2021 年每年均有 2 种优势种，而 2019 年、2020 年均有 3 种。翘鼻麻鸭、黑尾塍鹬（*Limosa limosa*）、斑尾塍鹬（*Limosa lapponica*）在多年（3 年）中均为优势种，是比较稳定的优势种；环颈鸻则仅为 1 年的优势种。2016 年，翘鼻麻鸭个体数占当年水鸟总个体数的百分比高达 61.15%，说明翘鼻麻鸭在水鸟群落中占据绝对数量优势，但这种优势呈逐年减弱之势（表 2.2.2）。营口滨海湿地水鸟每年调查监测的区域、路线、时间段均保持一致，且水鸟识别和计数均由同一人完成，因此上述年际动态变化趋势与人为误差关系较小，可能与营口滨海湿地水位、食物丰富度、微生境的年际变化有关。

表 2.2.2　水鸟群落优势种百分比及其年际变化　　单位：%

物种	2016 年	2017 年	2018 年	2019 年	2020 年	2021 年
翘鼻麻鸭	61.15	18.13	—	15.18	—	—
环颈鸻	—	—	—	—	11.21	—
黑尾塍鹬	—	40.13	—	25.30	—	27.42
斑尾塍鹬	—	—	55.22	42.01	48.29	—
大杓鹬	16.60	—	—	—	13.34	—
黑腹滨鹬	—	—	17.36	—	—	41.23

注：“—”表示水鸟百分比未达到≥ 10%，即水鸟未达到优势种的标准。

根据 Wetlands International 最新发布的国际水鸟种群评估 1% 的临界值，营口滨海湿地水鸟种群个体数量超过国际 1% 标准的物种共有 7 种（表 2.2.3）。大杓鹬（6 年）、黑嘴鸥（6 年）、翘鼻麻鸭（4 年）、环颈鸻（3 年）、黑尾塍鹬（3 年）、斑尾塍鹬（3 年）的种群个体数量多年来均超过国际种群评估 1% 的临界值，大杓鹬和黑嘴鸥个体数量更是连续 6 年都超过对应的临界值。此外，从水鸟物种来看，营口滨海湿地是濒危物种大杓鹬、大滨鹬和易危物种黑嘴鸥、遗鸥的栖息地；从水鸟个体数量来看，营口滨海湿地在 2018 年、2020 年、2021 年栖息的水鸟均超过 2 万只（图 2.2.10）。根据《关于特别是作为水禽栖息地的国际重要湿地公约》，如果一块湿地支持着易受攻击、易危、濒危物种或者受威胁的生态群落（标准 2），或者如果某湿地规律性地支持 2 万只或更多水禽生存（标准 5），或者支持某水禽物种或亚种种群 1% 的个体生存（标准 6），即可被认定为国际重要湿地。按照上述标准，营口滨海湿地对于包括翘鼻麻鸭、环颈鸻、黑尾塍鹬、斑尾塍鹬、大杓鹬、黑腹滨鹬、黑嘴鸥在内的水鸟群落（尤其是大杓鹬和黑嘴鸥）的生存具有国际重要意义，属于国际重要湿地范畴。为更好地保护营口滨海湿地水鸟及其栖息地，建议尽早将营口滨海湿地申报列入《国际重要湿地名录》。

值得注意的是，虽然黑嘴鸥种群个体数量连续 6 年均超过国际种群评估 1% 的临界值，但是其个体数量百分比自 2018 年开始呈逐年降低之势（表 2.2.3）。2021 年最新发布的《国家重点保护野生动物名录》将黑嘴鸥从无保护等级直接提升为“I 级”，足见国家对该物种保护工作的重视程度。为进一步加强对该物种的保护管理，后续应重点关注营口滨海湿地黑嘴鸥种群的动态变化。

表 2.2.3 达到国际种群评估 1% 临界值水鸟的百分比及其年际变化 单位：%

物种	2016 年	2017 年	2018 年	2019 年	2020 年	2021 年
翘鼻麻鸭	4.37	2.15	1.03	2.01	—	—
环颈鸻	—	1.03	1.36	—	2.37	—
黑尾塍鹬	—	5.70	—	4.01	—	6.76
斑尾塍鹬	—	—	2.20	1.11	1.70	—
大杓鹬	4.45	2.07	1.48	1.08	8.80	4.62
黑腹滨鹬	—	—	4.15	—	—	10.17
黑嘴鸥	5.42	15.24	27.05	14.98	2.60	2.05

注：1. 水鸟百分比计算参考由 Wetlands International 发布的国际种群评估 1% 的临界值；2. “—”表示未达到国际种群评估 1% 临界值。

（4）水鸟群落多样性

生物群落多样性通常以多样性指数、均匀度指数、丰富度指数和优势度指数等参数来反映。滨海湿地水鸟群落多样性水平对近岸海域生态平衡和环境质量能起到很好的指示作用。2016—2021 年营口滨海湿地水鸟群落多样性参数及其年际变化趋势如图 2.2.11 ～图 2.2.14 所示，总体来看，水鸟群落多样性水平年际波动较大。有研究表明，水鸟群落多样性水平与气温、降水量有关，经查证，营口滨海湿地 2016—2021 年每年 4 月平均气温、降水量均较稳定，因此排除气温、降水量对上述波动变化的影响。2016—2021 年营口滨海湿地连续 6 年的水鸟多样性指数平均值为 2.37，根据《滨海湿地生态监测技术规程》（HY/T 080—2005）多样性评价分级标准，营口滨海湿地水鸟的多样性整体处于中等水平。均匀度指数平均值（0.52 ± 0.03）和优势度指数平均值（0.30 ± 0.03）与吉林莫莫格国家级自然保护区 2015—2019 年连续 5 年的春季迁徙期水鸟均匀度指数平均值（0.55 ± 0.01，$P > 0.05$）和优势度指数平均值（0.28 ± 0.02；$P > 0.05$）相比，均无显著差异。莫莫格国家级自然保护区是我国东部候鸟迁徙通道上的重要停歇地，已被列入《国际重要湿地名录》，备受国内外关注，具有极高的保护和科研价值。相较于受到严格保护的莫莫格国家级自然保护区，未受保护的营口滨海湿地也同样极具保护和科研价值。在后续保护管理工作中，应严格按照《关于建立以国家公园为主体的自然保护地体系的指导意见》要求，考虑在营口滨海湿地新建国家公园、自然保护区或自然公园，或纳入生态保护红线，尽早将营口滨海湿地纳入我国现有保护地体系。此外，近岸海域、河流入海口等自然生境对水鸟栖息非常重要，对水鸟群落多样性保护具有重要意义。历年《中国海洋生态环境状况公报》显示，包括营口海域在内的辽东湾近岸海域常年处于严重污染状态，建议今后着重规划并开展营口滨海湿地生态修复恢复，强化对近岸海域、河流入海口等自然生境的保护管理。

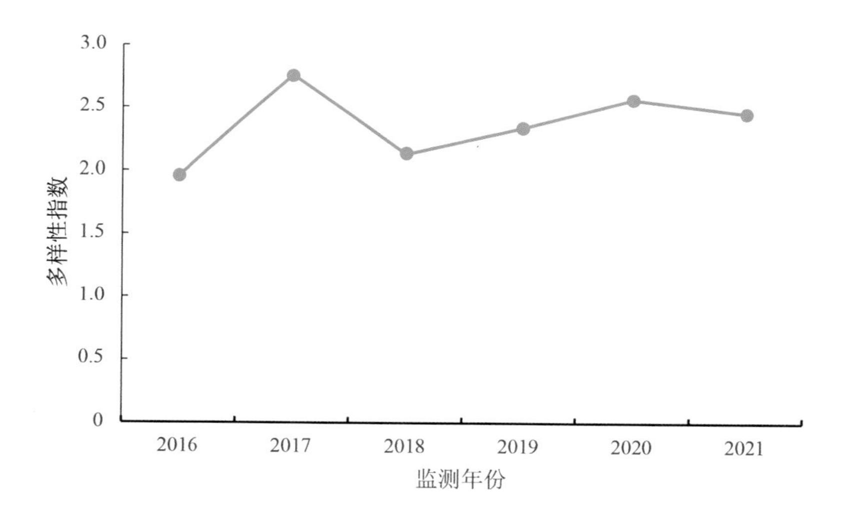

图 2.2.11　营口滨海湿地水鸟种群多样性指数年际变化趋势

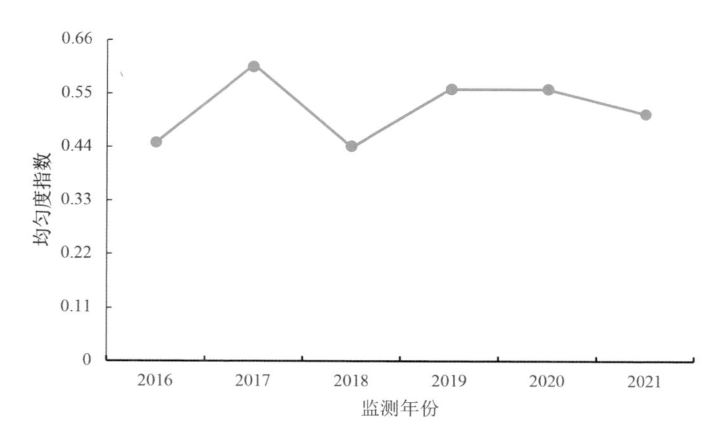

图 2.2.12　营口滨海湿地水鸟种群均匀度指数年际变化趋势

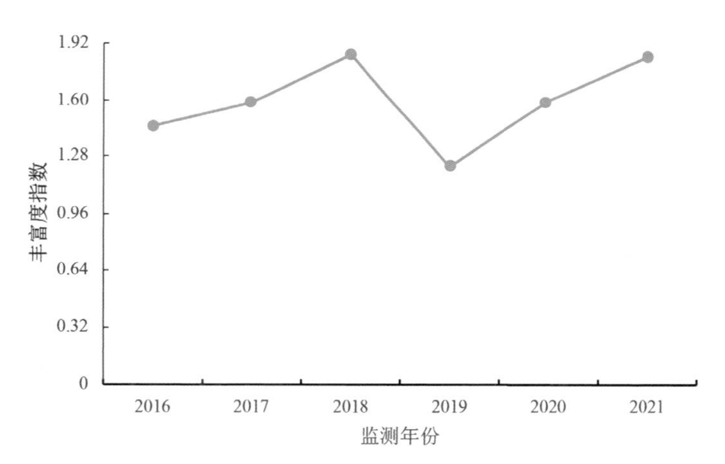

图 2.2.13　营口滨海湿地水鸟种群丰富度指数年际变化趋势

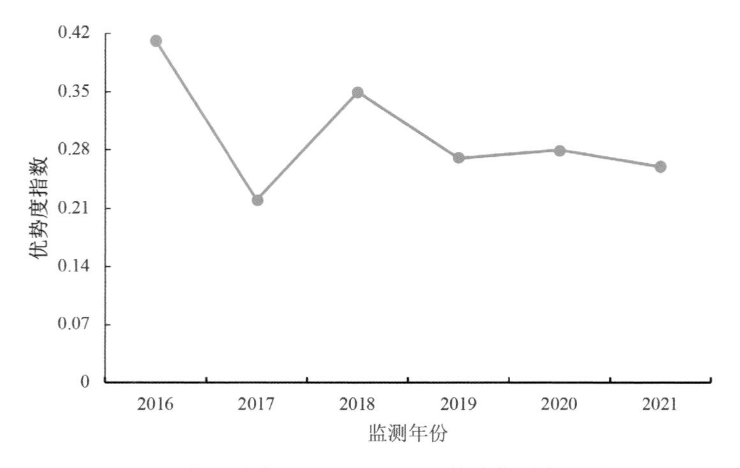

图 2.2.14　营口滨海湿地水鸟种群优势度指数年际变化趋势

2.2.5 水鸟面临的威胁与保护建议

2016—2021 年调查监测结果表明，包括黑嘴鸥、遗鸥、大杓鹬、大滨鹬等珍稀濒危物种在内的数万只迁徙水鸟于每年 4 月中下旬在营口滨海湿地停歇觅食、繁衍生息；受国内外高度关注的黑嘴鸥、大杓鹬、白腰杓鹬更是每年都到此栖息。营口滨海湿地处于全球鸟类九大迁徙通道的东线，是重要的鸟类多样性分布区，是鸟类迁徙的重要驿站，对于珍稀濒危水鸟保护具有极其重要的地理区位意义。然而，随着人类开发活动的不断加强，营口滨海湿地水鸟栖息地受到的人类干扰越发严重。营口滨海湿地在为当地经济建设迅猛发展提供优质自然资源的同时，依赖于该区域的水鸟却面临巨大的生存压力。根据近 6 年来现场调查监测工作情况，并结合文献资料和专家咨询，总结营口滨海湿地水鸟及其栖息地面临的威胁因素主要包括以下几方面。

（1）“保护空缺”管理迫在眉睫

近年来，国家出台了一系列政策文件要求将重要生态系统选划为自然保护地，但由于种种原因，营口部分重要滨海湿地长久以来未受到应有的关注，一直处于保护空缺状态。目前，营口滨海湿地范围内的自然保护地只有辽宁团山国家级海洋公园（图 2.2.15），但该保护地并非以鸟类为主要保护对象，且长期面临着管理人员和专业技术人员不足、业务经费有限等亟待解决的问题。为进一步强化对水鸟赖以生存的滨海湿地保护管理，应严格按照《关于建立以国家公园为主体的自然保护地体系的指导意见》要求，通过建立囊括滨海湿地水鸟为主要保护对象的自然保护地（国家公园、自然保护区或自然公园），或纳入生态保护红线等形式对营口滨海湿地“保护空缺”加以妥善保护管理。

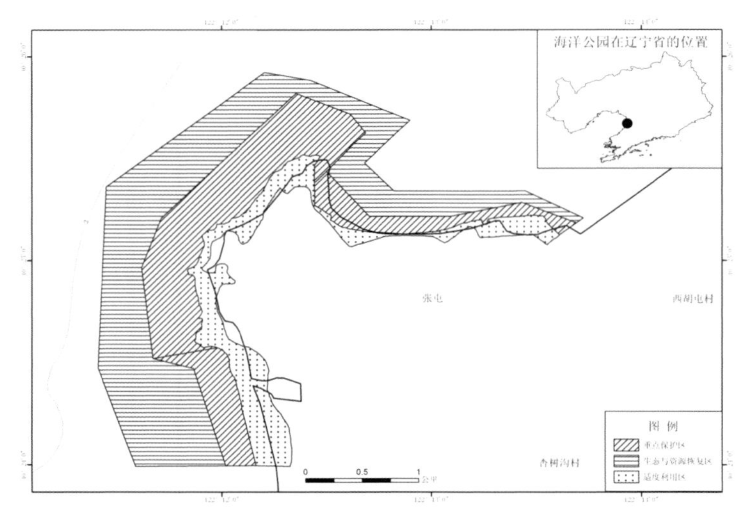

图 2.2.15 辽宁团山国家级海洋公园地理位置和功能分区

（2）“人鸟争食”窘境亟待改善

营口浅海水域、淤泥质海滩、海水养殖场等是鸻鹬类、鸥类、雁鸭类的主要觅食栖息场所，然而，当地农渔养殖户为了确保收成，采取各种手段驱赶（甚至是猎杀）前往觅食栖息的水鸟；大规模的赶海活动也直接影响着在滩涂觅食的水鸟（图2.2.16）。针对“人鸟争食”窘境，一方面应尽快制定实际可行的生态保护补偿措施，例如通过给予农渔养殖户适当经济补偿，确保水鸟重要觅食地不受严重干扰；另一方面应充分利用“爱鸟周”“国际生物多样性日”等活动有效开展各种以保护野生鸟类为主题的公众教育。

图 2.2.16 赶海活动与水鸟觅食

（3）“围海造地”乱象花样百出

近几十年来，大规模的围填海活动已使天然滨海湿地持续减少和退化（图2.2.17），滨海湿地水鸟生存空间受到严重挤占，大批水鸟生存状况堪忧。为加强滨海湿地保护管理，国家出台了一系列法律法规严管严控围填海行为，大规模围填海活动得到有效管控，然而一些不法分子以“零星圈地”“积少成多”等小规模形式进行的围海造地行为却屡禁不止（图 2.2.18）。随着国家有关治理围填海行为的政策文件的出台，应进一步严格执行围填海总量控制制度，对围填海面积实行约束性指标管理，加强对法律法规的有效宣贯，要让法律的威严深入社会的各个角落。

图 2.2.17　营口滨海湿地围填海遥感影像

图 2.2.18　围填海现场

（4）“三废”污染治理有待加强

工业、农渔业、生活产生的“三废”排放入海给水鸟赖以生存的滨海湿地造成严重影响。大辽河是辽河流域的一条主要河流，大辽河的上游流经沈阳、本溪、铁岭、辽阳、鞍山等重工业城市，沿途接收了大量工农业废水、生活污水、固体废物等污染物。大辽河河口区域西北侧为正在不断填海建设的盘锦辽东湾新区，东南侧为营口市主城区，河口区域污染风险很高。大辽河河口及毗邻海域是中国重要的生态经济水域，随着经济的发展以及人类活动的干扰，该区域的水环境污染日益加重，河口生态系统的生态健康面临威胁。大辽河河口生态系统的健康状况为亚健康，大辽河河口及其毗邻区域表层沉积物中多环芳烃（PAHs）总体为重度污染水平。虽然有关部门也采取了一系列措施治理入海污染物排放，但是一些不法分子采取“零星排放”“游击战”等小规模形式仍在排放“三废”污染（图 2.2.19 和图 2.2.20）。针对此现象，一方面应结合国家有关政策充分发挥中央环保督察等机制效能，加强“三废”污染行为查处力度；另一方面应加强相关法律法规的宣贯，结合“世界环境日”“世界湿地日”“世界海洋日”等活动有效开展各种以环保为主题的公众教育。

图 2.2.19 废气

图 2.2.20 废渣

本书有关滨海湿地水鸟系统分类、物种名称等信息主要依据郑光美（2017）主编的《中国鸟类分类与分布名录（第三版）》以及国际鸟盟（BirdLife International）最新发布的 *The BirdLife checklist of the birds of the world, with conservation status and taxonomic sources*。

第二篇 各论

1 雁形目 ANSERIFORMES

1.1 鸭科 Anatidae

1.1.1 大天鹅

中文拼音： dà tiān é

地方俗名： 黄嘴天鹅、白鹅、天鹅、金头鹅、咳声天鹅

英文名称： Whooper Swan

拉丁学名[1]： *Cygnus cygnus* (Linnaeus, 1758)

鉴别特征： 喙黑色，上喙基部黄色且向前延伸超过鼻孔，体型较大，全身白色，脚黑色。

保护状况[2]： 中日协定保护候鸟、国家 II 级重点保护动物、《中国濒危动物红皮书》易危物种（V）。

资源动态： 见图 1.1.1。

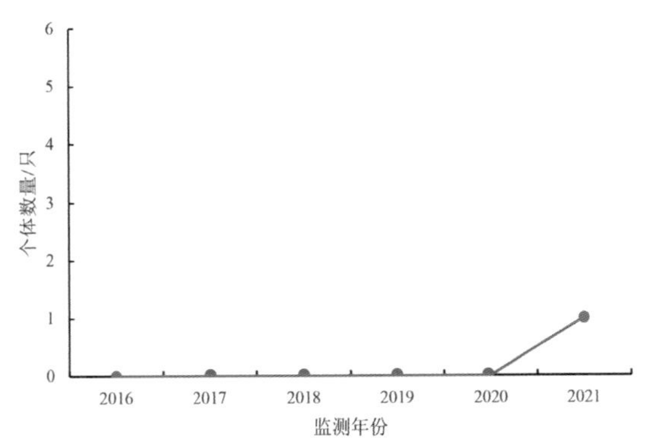

图 1.1.1 大天鹅个体数量年际变化

---

1 按照国际物种命名规则，物种拉丁学名后为该物种初定人的姓氏和定名时间。如果物种的当前拉丁学名在原定名基础上发生改变，则在上述内容上加注括号。

2 “保护状况”参考依据详见附录三至附录六及相关官方网站。

1.1.2 翘鼻麻鸭

中文拼音： qiào bí má yā

地方俗名： 花凫、冠鸭

英文名称： Common Shelduck

拉丁学名： *Tadorna tadorna* (Linnaeus, 1758)

鉴别特征： 喙红色，头、颈暗绿色，背、胸、腹部白色，胸部有一栗色横带，脚粉红色。繁殖期雄鸟喙基及额基具红色皮质肉瘤。

保护状况： 中日协定保护候鸟、中国“三有”保护鸟类。

资源动态： 见图 1.1.2。

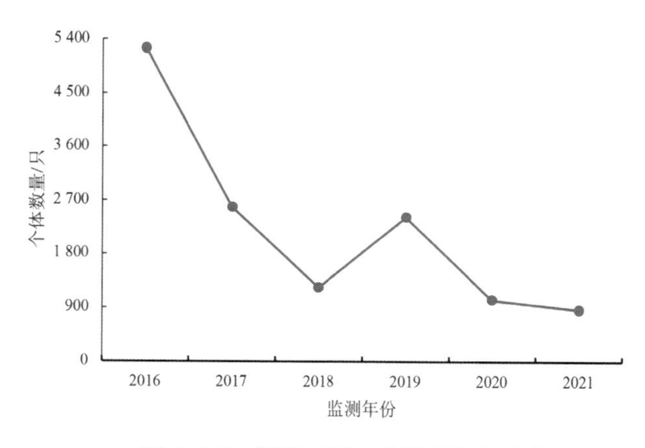

图 1.1.2 翘鼻麻鸭个体数量年际变化

1.1.3 绿头鸭

中文拼音：lǜ tóu yā

地方俗名：野鸭、大绿头

英文名称：Mallard

拉丁学名：*Anas platyrhynchos* Linnaeus, 1758

鉴别特征：翼镜蓝紫色，前后缘白色。雄鸟喙黄绿色，头及颈绿色且具白色颈环，胸栗色，脚橙红色。雌鸟整体褐色斑驳，喙橙黄色，具深色贯眼纹。

保护状况：中日协定保护候鸟、中国“三有”保护鸟类。

资源动态：见图 1.1.3。

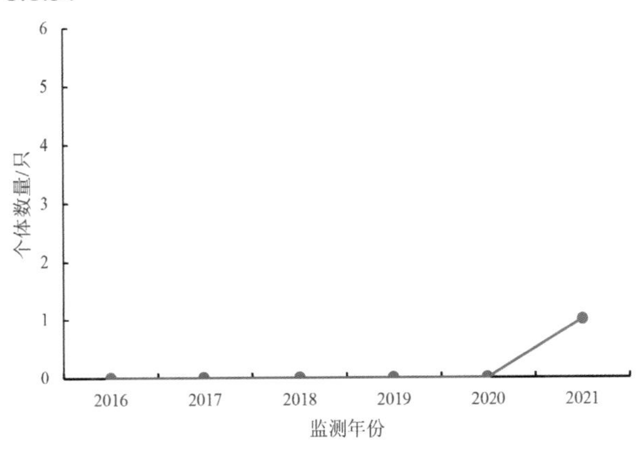

图 1.1.3 绿头鸭个体数量年际变化

1.1.4 斑嘴鸭

中文拼音： bān zuǐ yā

地方俗名： 花嘴鸭、轻鸭、夏凫

英文名称： Eastern Spot-billed Duck, Spot-billed Duck

拉丁学名： *Anas zonorhyncha* (Forster, 1781)

鉴别特征： 喙黑且先端黄色，白色眉纹和褐色贯眼纹明显，体羽黑褐色为主，翼镜蓝色且呈紫色光泽，三级飞羽白色甚明显，脚橙红色。两性同色，但雌鸟较黯淡。

保护状况： 中国“三有”保护鸟类。

资源动态： 见图 1.1.4。

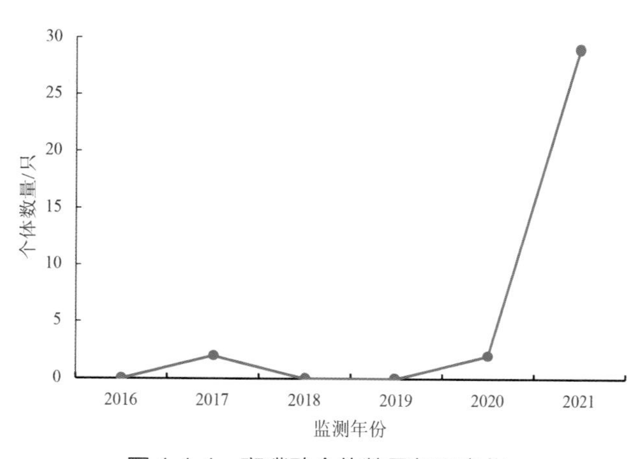

图 1.1.4 斑嘴鸭个体数量年际变化

1.1.5 普通秋沙鸭

中文拼音： pǔ tōng qiū shā yā

地方俗名： 川秋沙、大尖嘴鸭

英文名称： Common Merganser, Goosander

拉丁学名： *Mergus merganser* Linnaeus, 1758

鉴别特征： 喙红色、细长且端部钩曲，脚橘黄色。繁殖期雄鸟头部、背部黑色且具绿色光泽，胸及腹白色，羽冠不明显。雌鸟及非繁殖期雄鸟头部棕褐色，颏白色，上体深灰色，下体浅灰色。

保护状况： 中日协定保护候鸟、中国“三有”保护鸟类。

资源动态： 见图 1.1.5。

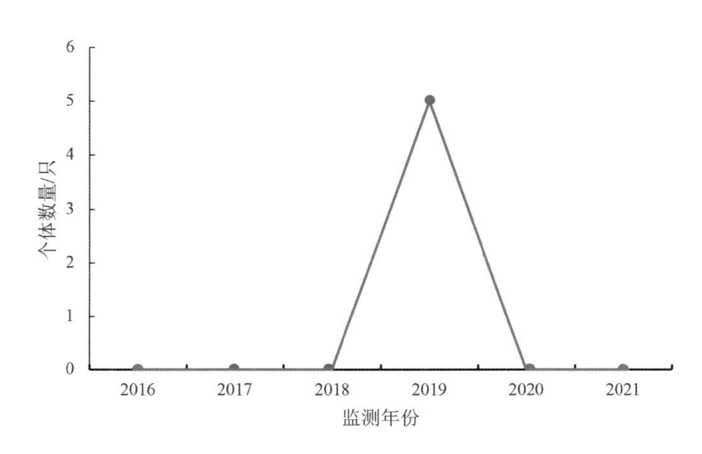

图 1.1.5 普通秋沙鸭个体数量年际变化

2 鸊鷉目 PODICIPEDIFORMES

2.1 鸊鷉科 Podicipedidae

2.1.1 小鸊鷉

中文拼音： xiǎo pì tī

地方俗名： 水避仔、水扎、水葫芦、油葫芦、王八鸭子、油鸭

英文名称： Little Grebe

拉丁学名： *Tachybaptus ruficollis* (Pallas, 1764)

鉴别特征： 眼黄色。繁殖期喙黑而端白、喙基具黄斑，头顶黑褐色，颊、颈栗红色，上体黑褐色，下体淡褐色，尾短且尾下覆羽白色。非繁殖期喙偏黄，体色变浅，颊、颈淡黄褐色，下体偏白。

保护状况： 中国“三有”保护鸟类。

资源动态： 见图 2.1.1。

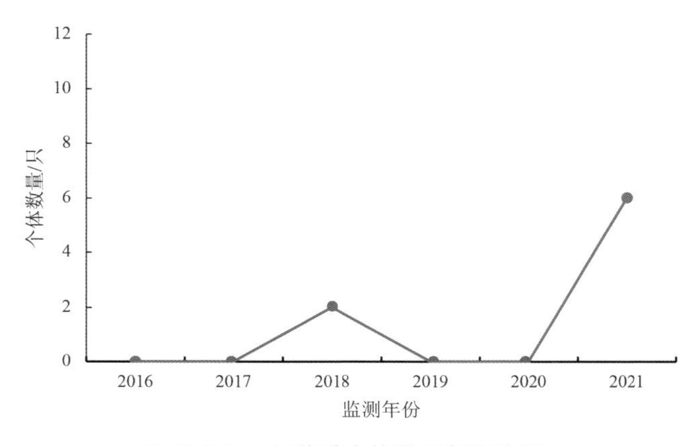

图 2.1.1 小鸊鷉个体数量年际变化

2.1.2 凤头䴙䴘

中文拼音： fèng tóu pì tī

地方俗名： 冠䴙䴘、浪花儿、浪里白、水老呱、水驴子

英文名称： Great Grested Grebe

拉丁学名： *Podiceps cristatus* (Linnaeus, 1758)

鉴别特征： 喙粉红色，具黑色羽冠，眼红色，颈长，体型大。繁殖期眼周白色，颈具红褐色鬃毛状饰羽。非繁殖期脸近白色，前颈至下体白色，上体灰褐色。

保护状况： 中日协定保护候鸟、中国“三有”保护鸟类。

资源动态： 见图 2.1.2。

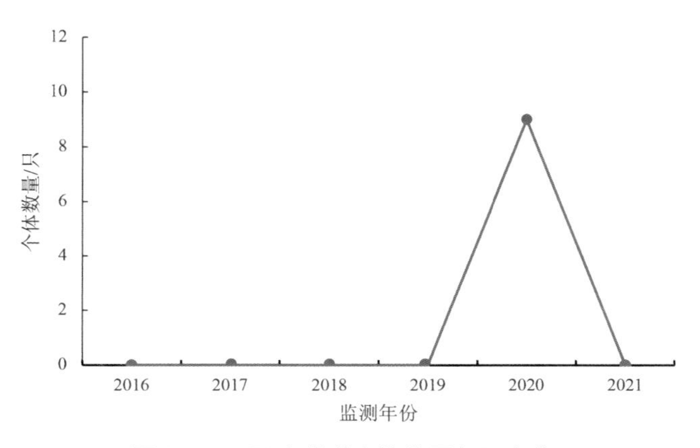

图 2.1.2 凤头䴙䴘个体数量年际变化

3 鹤形目 GRUIFORMES

3.1 秧鸡科 Rallidae

3.1.1 白骨顶

中文拼音： bái gǔ dǐng

地方俗名： 骨顶鸡、白冠鸡、凫翁

英文名称： Common Coot

拉丁学名： *Fulica atra* Linnaeus, 1758

鉴别特征： 喙及额甲白色，眼红色，体羽几乎全黑色，仅次级飞羽末端白色，脚黄绿色，脚趾间具瓣蹼。

保护状况： 中国“三有”保护鸟类。

资源动态： 见图 3.1.1。

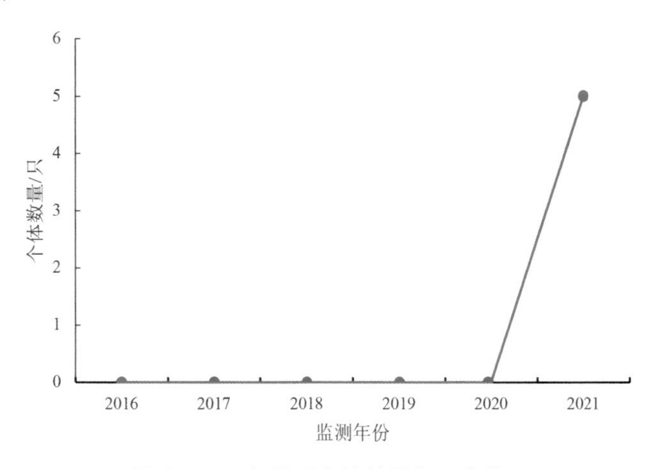

图 3.1.1 白骨顶个体数量年际变化

4 鸻形目 CHARADRIIFORMES

4.1 蛎鹬科 Haematopodidae

4.1.1 蛎鹬

中文拼音： lì yù

地方俗名： 蛎鸻、海喜鹊、水鸡、红嘴高的

英文名称： Eurasian Oystercatcher, Oystercatcher

拉丁学名： *Haematopus ostralegus* Linnaeus, 1758

鉴别特征： 喙长且呈红色，眼红色，头、颈、胸及背黑色，腰及腹白色，体羽黑白两色，翼黑色且具白色宽带，尾白端黑，脚红色。

保护状况： 中日协定保护候鸟、中国“三有”保护鸟类。

资源动态： 见图 4.1.1。

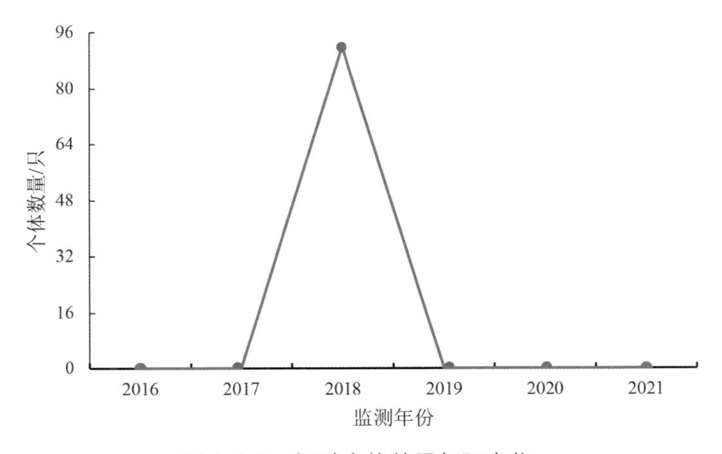

图 4.1.1 蛎鹬个体数量年际变化

4.2 反嘴鹬科 Recurvirostridae

4.2.1 黑翅长脚鹬

中文拼音： hēi chì cháng jiǎo yù

地方俗名： 长脚鹬、高跷鸻、丈高鹬、黑翅高跷、长腿娘子、红腿娘子

英文名称： Black-winged Stilt

拉丁学名： *Himantopus himantopus* (Linnaeus, 1758)

鉴别特征： 喙黑色且细长，体羽以黑白两色为主，翼黑色，脚红色且特别细长。亚成鸟多褐色，脚偏黄色。

保护状况： 中日协定保护候鸟、中国“三有”保护鸟类。

资源动态： 见图 4.2.1。

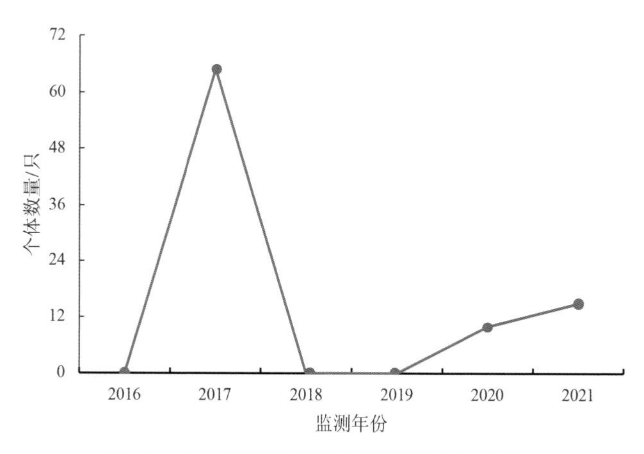

图 4.2.1　黑翅长脚鹬个体数量年际变化

4.2.2　反嘴鹬

中文拼音： fǎn zuǐ yù

地方俗名： 反嘴长脚鹬、反嘴鸻

英文名称： Pied Avocet

拉丁学名： *Recurvirostra avosetta* Linnaeus, 1758

鉴别特征： 喙黑且长而上翘，体羽黑白两色为主，具黑色的翼上横纹及肩部条纹，脚蓝灰色，蹼较发达。

保护状况： 中日协定保护候鸟、中国“三有”保护鸟类。

资源动态： 见图 4.2.2。

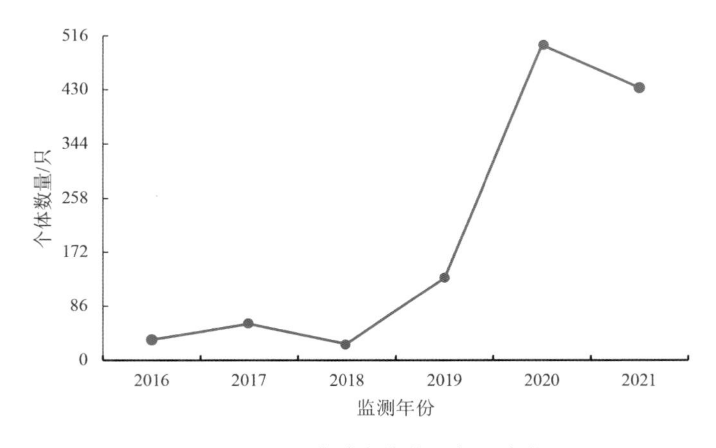

图 4.2.2　反嘴鹬个体数量年际变化

4.3 鸻科 Charadriidae

4.3.1 金鸻

中文拼音：jīn héng

地方俗名：金斑鸻、太平洋金斑鸻、金背子、黑胸鸻、黑襟鸻

英文名称：Pacific Golden Plover, Eastern Golden Plover, Asiatic Golden Plover, Lesser Golden Plover

拉丁学名：*Pluvialis fulva* (Gmelin, 1789)

鉴别特征：头大，喙黑而短厚，脚灰色。繁殖期脸周及胸侧白色，下体黑色。非繁殖期上体黑褐色且布满黄色斑点，下体偏白。与相似种灰鸻相比，翼下无黑色块斑，翼带不明显。

保护状况：中澳协定保护候鸟、中日协定保护候鸟。

资源动态：见图 4.3.1。

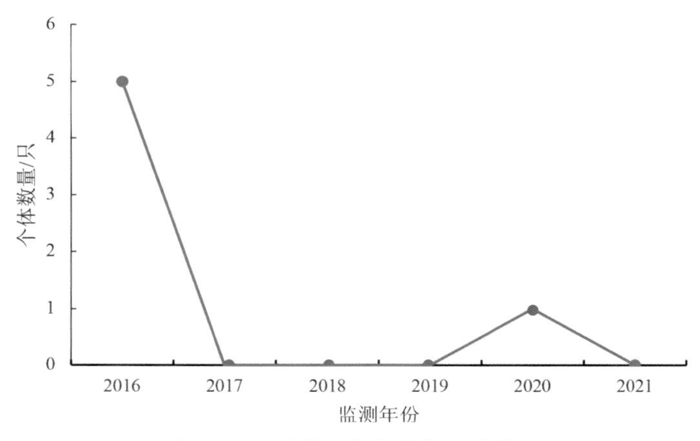

图 4.3.1 金鸻个体数量年际变化

4.3.2 灰鸻

中文拼音：huī héng

地方俗名：灰斑鸻、斑鸻、黑肚鸻

英文名称：Grey Plover

拉丁学名：*Pluvialis squatarola* (Linnaeus, 1758)

鉴别特征：喙黑而短厚，脚灰色。繁殖期下体黑色，尾下覆羽白色。非繁殖期上体灰褐色且杂有白斑，下体近白，翼下具明显黑色块斑，翼带及腰部偏白。

保护状况：中澳协定保护候鸟、中日协定保护候鸟、中国“三有”保护鸟类。

资源动态：见图 4.3.2。

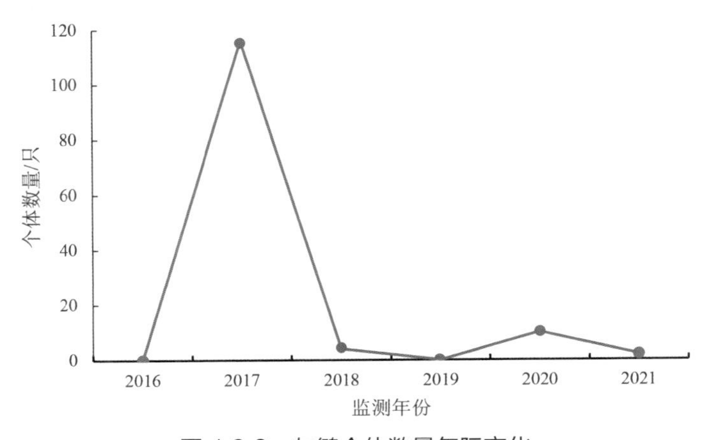

图 4.3.2 灰鸻个体数量年际变化

4.3.3 环颈鸻

中文拼音：huán jǐng héng

地方俗名：东方环颈鸻、白领鸻、白颈鸻

英文名称：Kentish Plover

拉丁学名：*Charadrius alexandrinus* Linnaeus, 1758

鉴别特征：喙黑色，具白色领环，胸侧具黑（雄）或褐（雌）色斑块且在胸前呈不闭合胸带，上体褐色，下体白色，外侧尾羽白色，脚色多变。繁殖期雄鸟额白且有黑斑，头顶及枕部栗色，眼眶黄色。

保护状况：中国“三有”保护鸟类。

资源动态：见图 4.3.3。

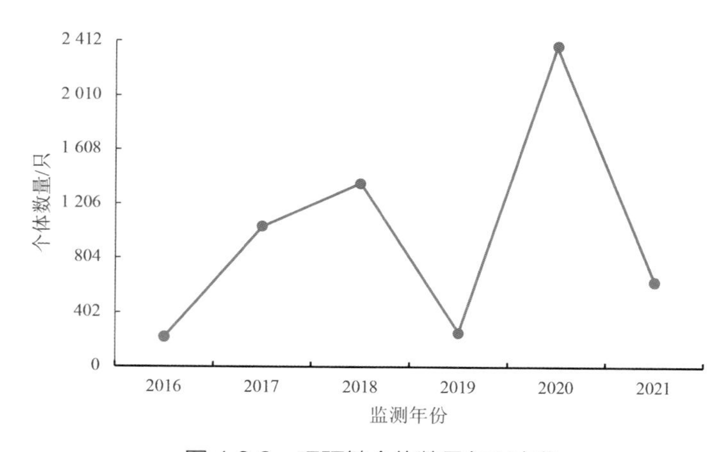

图 4.3.3 环颈鸻个体数量年际变化

4.3.4 蒙古沙鸻

中文拼音： méng gǔ shā héng

地方俗名： 蒙古鸻、短嘴沙子鸻、小沙鸻

英文名称： Lesser Sand Plover, Mongolian Plover

拉丁学名： *Charadrius mongolus* Pallas, 1776

鉴别特征： 喙黑色，脚深灰至黄色。与相似种铁嘴沙鸻相比，体型较小，喙短而细，繁殖期胸带较宽。

保护状况： 中澳协定保护候鸟、中日协定保护候鸟、中国“三有”保护鸟类。

资源动态： 见图 4.3.4。

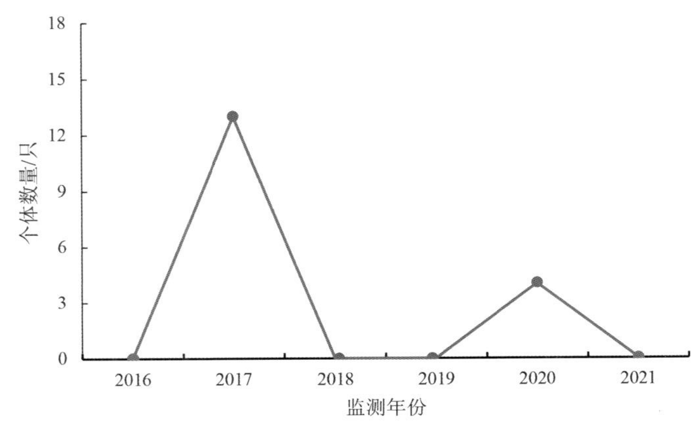

图 4.3.4 蒙古沙鸻个体数量年际变化

4.3.5 铁嘴沙鸻

中文拼音： tiě zuǐ shā héng

地方俗名： 铁嘴鸻、大头哥、大嘴沙子鸻

英文名称： Greater Sand Plover, Large Sand Plover, Large-billed Dotterel

拉丁学名： *Charadrius leschenaultii* Lesson, 1826

鉴别特征： 喙黑色且较长，无白色领环，上体褐色，下体白色，脚偏黄。繁殖期胸具红棕色横纹，贯眼纹黑色，前额白色。非繁殖期胸带有时不完整。

保护状况： 中澳协定保护候鸟、中日协定保护候鸟、中国“三有”保护鸟类。

资源动态： 见图 4.3.5。

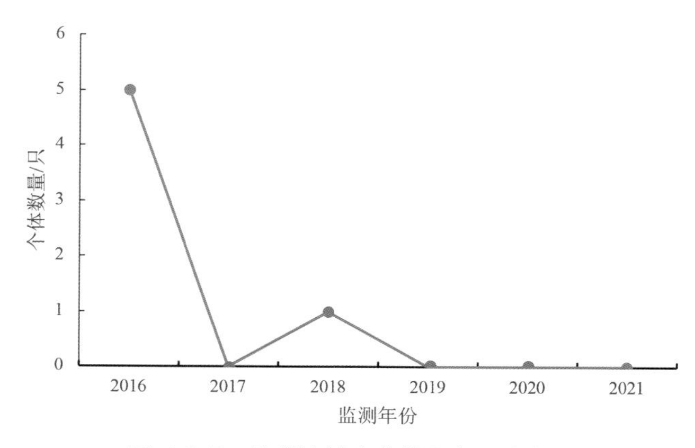

图 4.3.5　铁嘴沙鸻个体数量年际变化

4.4 鹬科 Scolopacidae

4.4.1 半蹼鹬

中文拼音：bàn pǔ yù

地方俗名：半蹼沙锥、半蹼足鹬

英文名称：Asian Dowitcher, Asiatic Dowitcher, Snipe-billed Godwit

拉丁学名：*Limnodromus semipalmatus* (Blyth, 1848)

鉴别特征：喙黑色、长、直且端部膨大，脚近黑色。繁殖期头、颈、胸及腹红棕色。非繁殖期颈、胸侧具灰褐色纵纹，上体灰褐色，羽缘淡色，下体浅色。

保护状况：中澳协定保护候鸟、国家II级重点保护动物、中国“三有”保护鸟类。

资源动态：见图 4.4.1。

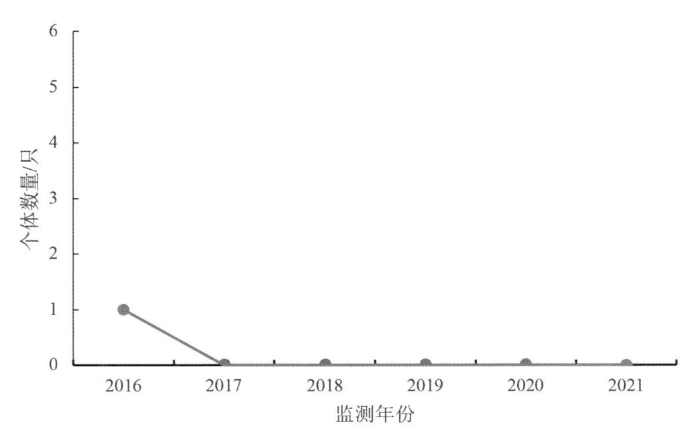

图 4.4.1 半蹼鹬个体数量年际变化

4.4.2 黑尾塍鹬

中文拼音： hēi wěi chéng yù

地方俗名： 黑尾鹬、塍鹬

英文名称： Black-tailed Godwit

拉丁学名： *Limosa limosa* (Linnaeus, 1758)

鉴别特征： 喙粉红且先端黑，喙长而直，飞行时白色翼带明显，尾羽黑色而基部白色。繁殖期头、颈、胸红褐色，眉纹偏白，腹侧及两肋具黑色横斑。非繁殖期红褐色部分均变成黄褐色，下体黑斑消失。

保护状况： 中澳协定保护候鸟、中日协定保护候鸟、中国“三有”保护鸟类。

资源动态： 见图 4.4.2。

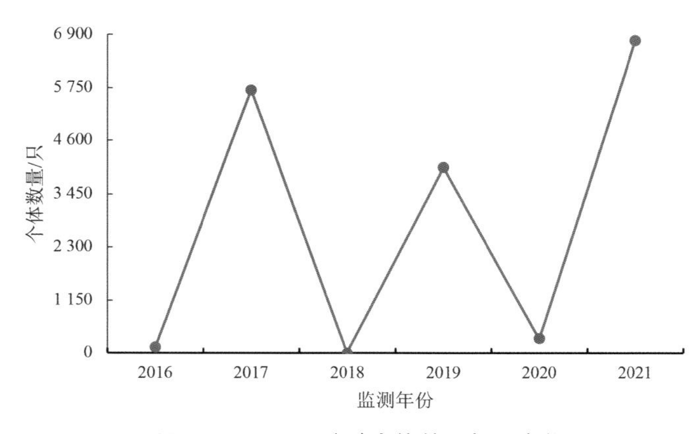

图 4.4.2 黑尾塍鹬个体数量年际变化

4.4.3 斑尾塍鹬

中文拼音： bān wěi chéng yù

地方俗名： 斑尾鹬

英文名称： Bar-tailed Godwit

拉丁学名： *Limosa lapponica* (Linnaeus, 1758)

鉴别特征： 喙基部半段粉红而前半段黑色，喙长且向上翘，尾羽具黑白相间横纹。与相似种黑尾塍鹬相比，喙上翘，飞行时翼带不明显，尾羽具黑白相间横纹不如黑尾塍鹬黑白对比明显。

保护状况： 中澳协定保护候鸟、中日协定保护候鸟、中国“三有”保护鸟类。

资源动态： 见图 4.4.3。

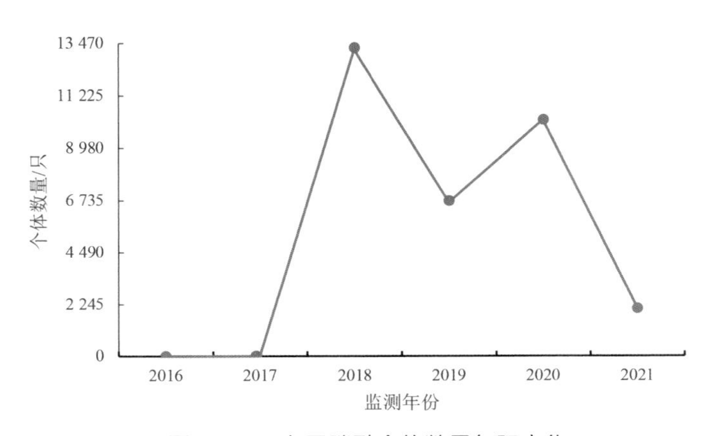

图 4.4.3 斑尾塍鹬个体数量年际变化

4.4.4 小杓鹬

中文拼音： xiǎo sháo yù

地方俗名： 极北杓鹬、爱斯基摩杓鹬

英文名称： Little Curlew, Little Whimbrel

拉丁学名： *Numenius minutus* Gould, 1841

鉴别特征： 喙短且略下弯，喙基肉红而末端黑褐色，头顶冠纹明显，中央冠纹肉红色，两侧冠纹黑色，具皮黄色眉纹和不明显的黑色贯眼纹，上体呈黄褐色斑驳，多金黄、黑及褐色斑，腹及尾下覆羽白色，腰至尾羽为淡褐色，脚土黄色。

保护状况： 中澳协定保护候鸟、国家 II 级重点保护动物。

资源动态： 见图 4.4.4。

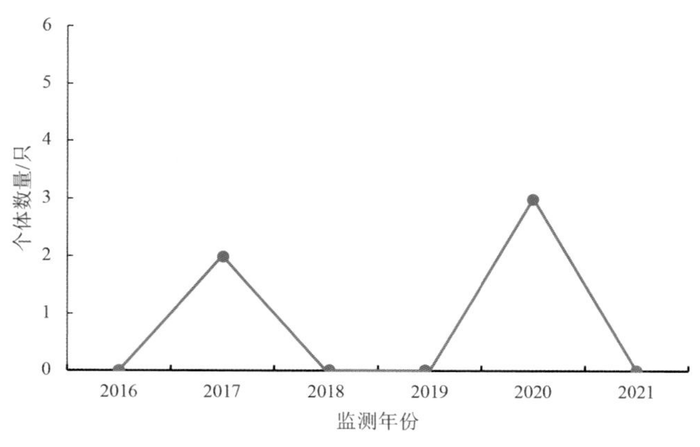

图 4.4.4　小杓鹬个体数量年际变化

4.4.5 中杓鹬

中文拼音： zhōng sháo yù

地方俗名： 杓嘴鹬、杓鹬

英文名称： Whimbrel

拉丁学名： *Numenius phaeopus* (Linnaeus, 1758)

鉴别特征： 喙长而下弯，喙长约为头部长度的2倍（亚成鸟喙较短），头顶冠纹明显，中央冠纹淡黄，两侧冠纹黑色，眉纹色浅，上体黑褐色夹有黄、白色斑，下体及腰白色。

保护状况： 中澳协定保护候鸟、中日协定保护候鸟、中国“三有”保护鸟类。

资源动态： 见图4.4.5。

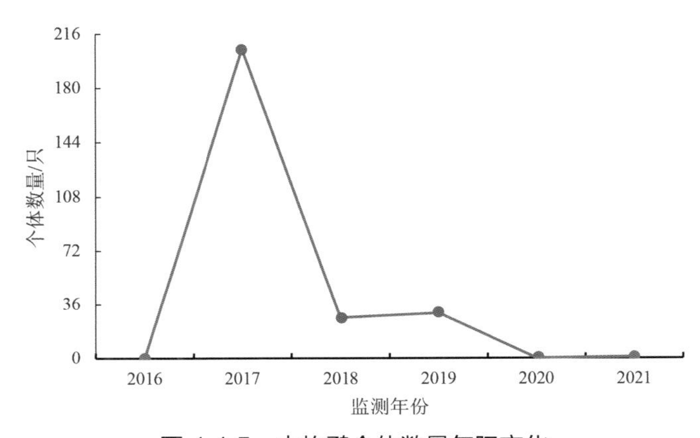

图4.4.5 中杓鹬个体数量年际变化

4.4.6 白腰杓鹬

中文拼音：bái yāo sháo yù

地方俗名：大杓鹬、麻鹬

英文名称：Eurasian Curlew, Western Curlew, Curlew

拉丁学名：*Numenius arquata* (Linnaeus, 1758)

鉴别特征：喙甚长而下弯，喙长为头部长度 3 倍以上。上体灰褐色斑驳，下体及腰白色。与相似种中杓鹬相比，喙较长，个体较大，头部无冠纹形成的图案。

保护状况：中澳协定保护候鸟、中日协定保护候鸟、国家 II 级重点保护动物、中国“三有”保护鸟类。

资源动态：见图 4.4.6。

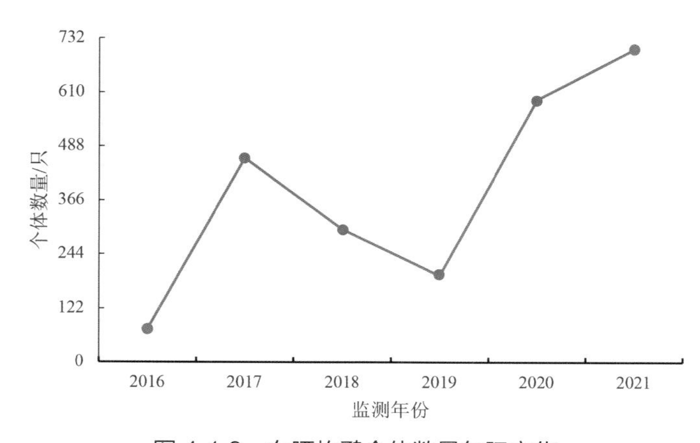

图 4.4.6 白腰杓鹬个体数量年际变化

4.4.7　大杓鹬

中文拼音： dà sháo yù

地方俗名： 红腰杓鹬、黦鹬、红背大杓鹬、澳大利亚杓鹬

英文名称： Far Eastern Curlew, Eastern Curlew, Red-rumped Curlew, Australian Curlew

拉丁学名： *Numenius madagascariensis* (Linnaeus, 1766)

鉴别特征： 喙甚长而下弯，喙长为头部长度 3 倍以上，腰黄褐色。与相似种白腰杓鹬相比，体色较深，下体沾黄而非纯白，飞行时可见腰黄褐色而非白色。

保护状况： IUCN 濒危物种（EN）、中澳协定保护候鸟、中日协定保护候鸟、国家 II 级重点保护动物、中国“三有”保护鸟类。

资源动态： 见图 4.4.7。

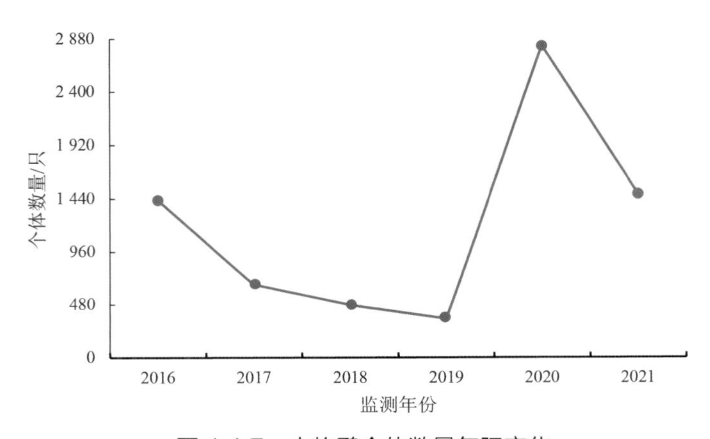

图 4.4.7　大杓鹬个体数量年际变化

4.4.8 鹤鹬

中文拼音： hè yù

地方俗名： 红脚鹤鹬、斑点红腿

英文名称： Spotted Redshank, Dusky Redshank

拉丁学名： *Tringa erythropus* (Pallas, 1764)

鉴别特征： 喙长、直而端部稍下弯，下喙基部红色，脚橘红色。繁殖期具白色眼眶，全身黑色且具白色点斑。非繁殖期上体灰褐色具白色点斑，下体灰白色。

保护状况： 中日协定保护候鸟、中国“三有”保护鸟类。

资源动态： 见图 4.4.8。

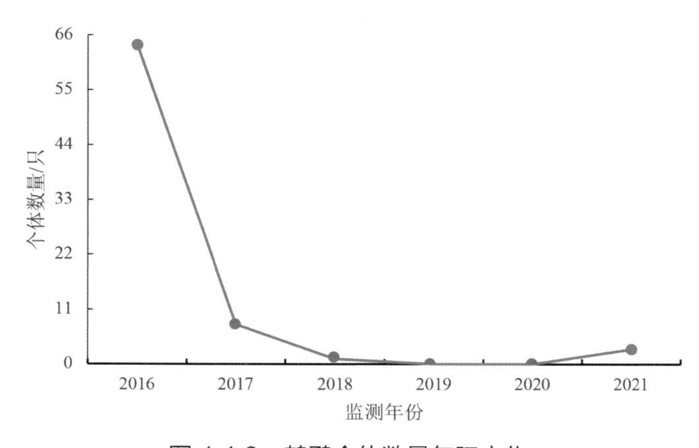

图 4.4.8　鹤鹬个体数量年际变化

4.4.9 红脚鹬

中文拼音： hóng jiǎo yù

地方俗名： 赤足鹬

英文名称： Common Redshank, Redshank

拉丁学名： *Tringa totanus* (Linnaeus, 1758)

鉴别特征： 喙基部红色而尖端黑色，上体灰褐色，胸具褐色纵纹，下体白色，脚橙红色。繁殖期体色较深，下体纵纹较多。非繁殖期与相似种鹤鹬相比，喙较粗短且上喙基红色，体型较小，飞行时次级飞羽白色外缘形成显眼的翼带。

保护状况： 中澳协定保护候鸟、中日协定保护候鸟、中国“三有”保护鸟类。

资源动态： 见图 4.4.9。

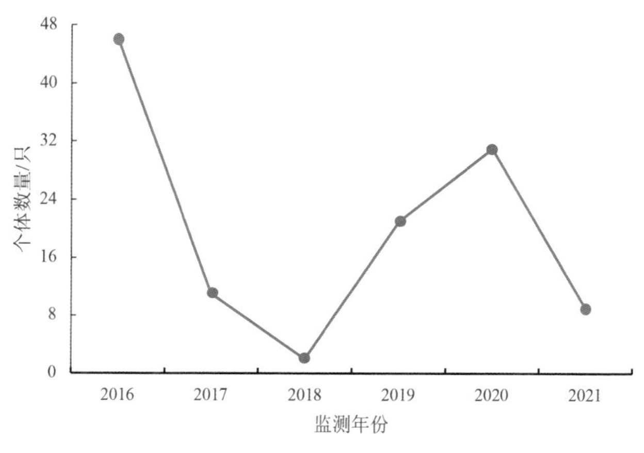

图 4.4.9 红脚鹬个体数量年际变化

4.4.10 泽鹬

中文拼音： zé yù

地方俗名： 小青脚鹬、泥泽鹬

英文名称： Marsh Sandpiper

拉丁学名： *Tringa stagnatilis* (Bechstein, 1803)

鉴别特征： 喙黑色、细长、直而尖，脚黄绿色。繁殖期上体及胸多黑褐色斑点。非繁殖期上体灰色，羽缘白色，下体白色，飞行时白色的下背、腰和尾明显，尾上具褐色横纹。

保护状况： 中澳协定保护候鸟、中日协定保护候鸟、中国“三有”保护鸟类。

资源动态： 见图 4.4.10。

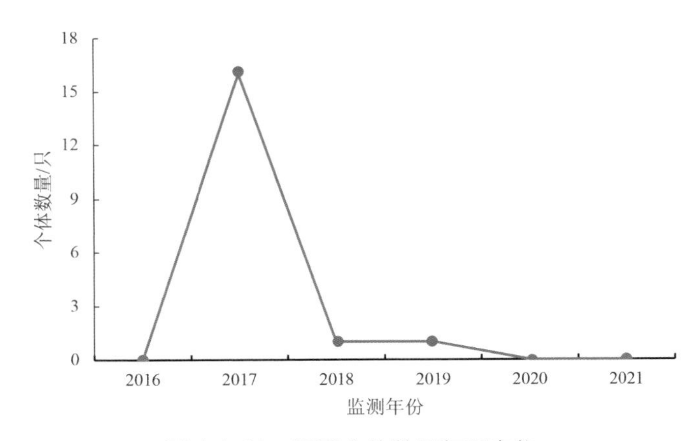

图 4.4.10 泽鹬个体数量年际变化

4.4.11　青脚鹬

中文拼音： qīng jiǎo yù

地方俗名： 青足鹬

英文名称： Common Greenshank, Greenshank

拉丁学名： *Tringa nebularia* (Grunnerus, 1803)

鉴别特征： 喙灰色、长而上翘，脚黄绿色。繁殖期喙基黄或偏红色，颈及胸多黑褐色纵纹或斑点。非繁殖期上体灰褐色，羽缘白色夹杂褐色斑，下体白色，飞行时白色的背、腰、尾明显，尾上覆羽具黑褐色细纹。

保护状况： 中澳协定保护候鸟、中日协定保护候鸟、中国“三有”保护鸟类。

资源动态： 见图 4.4.11。

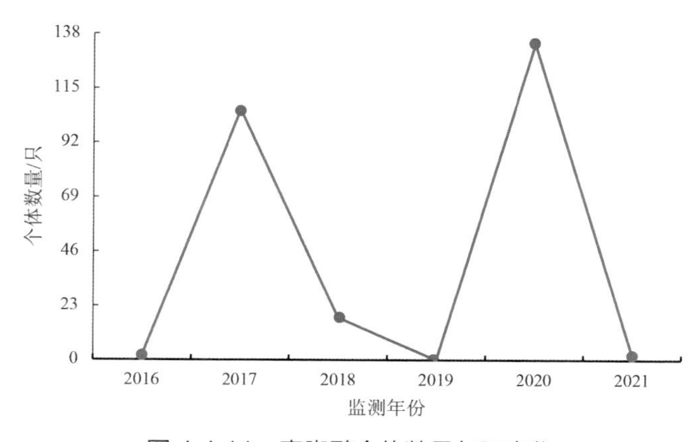

图 4.4.11　青脚鹬个体数量年际变化

4.4.12 翘嘴鹬

中文拼音：qiào zuǐ yù

地方俗名：反嘴鹬

英文名称：Terek Sandpiper, Avocet Sandpiper

拉丁学名：*Xenus cinereus* (Guldenstadt, 1775)

鉴别特征：喙黑色而基部黄色、长而上翘，上体灰褐色，下体白色，脚橘黄色。繁殖期胸部具黑褐色细纵纹，羽干深色。

保护状况：中澳协定保护候鸟、中日协定保护候鸟、中国“三有”保护鸟类。

资源动态：见图 4.4.12。

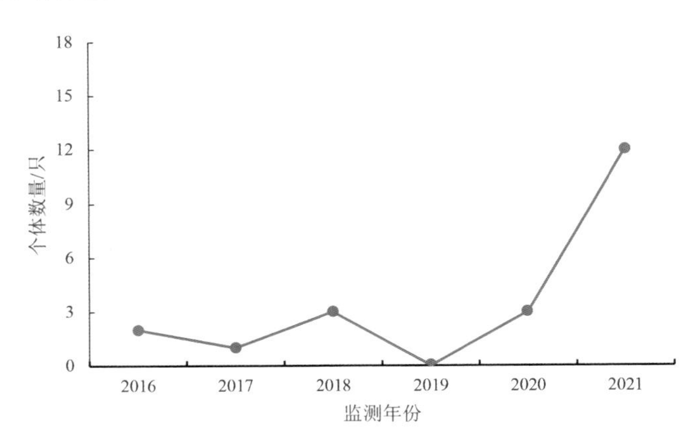

图 4.4.12　翘嘴鹬个体数量年际变化

4.4.13　翻石鹬

中文拼音： fān shí yù

地方俗名： 鸫鸻、猿滨鹬、翻石

英文名称： Ruddy Turnstone, Turnstone

拉丁学名： *Arenaria interpres* (Linnaeus, 1758)

鉴别特征： 喙黑色、短且呈锥状，头、胸、背具由黑、白、棕色组成的复杂斑驳图案，飞行时翼上具醒目的黑白色图案，脚橘红色。

保护状况： 中澳协定保护候鸟、中日协定保护候鸟、国家 II 级重点保护动物、中国“三有”保护鸟类。

资源动态： 见图 4.4.13。

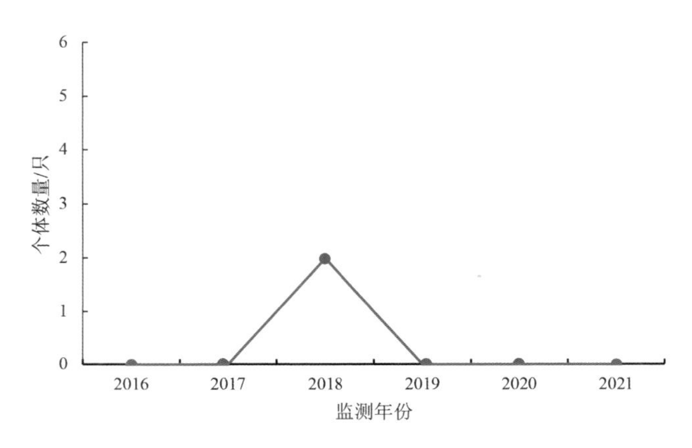

图 4.4.13　翻石鹬个体数量年际变化

4.4.14　大滨鹬

中文拼音：dà bīn yù

地方俗名：细嘴滨鹬、姥鹬

英文名称：Great Knot, Eastern Knot

拉丁学名：*Calidris tenuirostris* (Horsfield, 1821)

鉴别特征：喙黑色、长且端部稍下弯，脚偏绿色。繁殖期胸及两肋黑色点斑较大、较密，腹部也有零星黑色点斑，背上具红褐色斑。非繁殖期上体黑褐色且具淡色羽缘，胸及两肋具黑色点斑，腰及两翼具白色横斑。

保护状况：IUCN 濒危物种（EN）、中澳协定保护候鸟、中日协定保护候鸟、国家II 级重点保护动物、中国“三有”保护鸟类。

资源动态：见图 4.4.14。

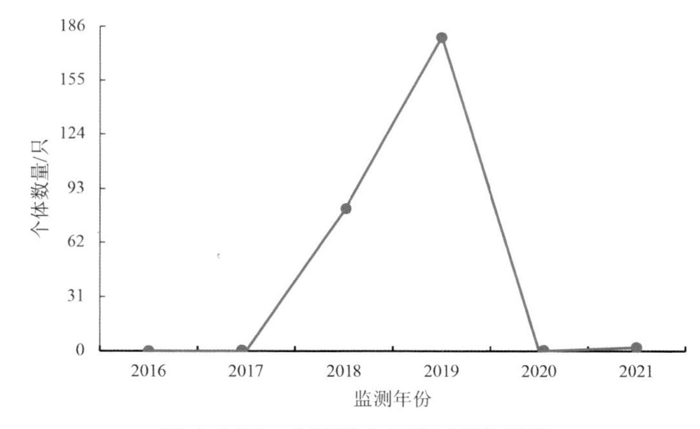

图 4.4.14　大滨鹬个体数量年际变化

4.4.15 红腹滨鹬

中文拼音： hóng fù bīn yù

地方俗名： 漂鹬、小姥鹬

英文名称： Red Knot

拉丁学名： *Calidris canutus* (Linnaeus, 1758)

鉴别特征： 喙黑色、短且直，脚黄绿色。繁殖期头、胸、腹红棕色，上体体色较深具红棕色斑。非繁殖期颈、胸及两胁淡皮黄色，上体灰色且具淡色羽缘，下体近白色。

保护状况： CMS 附录 II 物种、中澳协定保护候鸟、中日协定保护候鸟、中国“三有”保护鸟类。

资源动态： 见图 4.4.15。

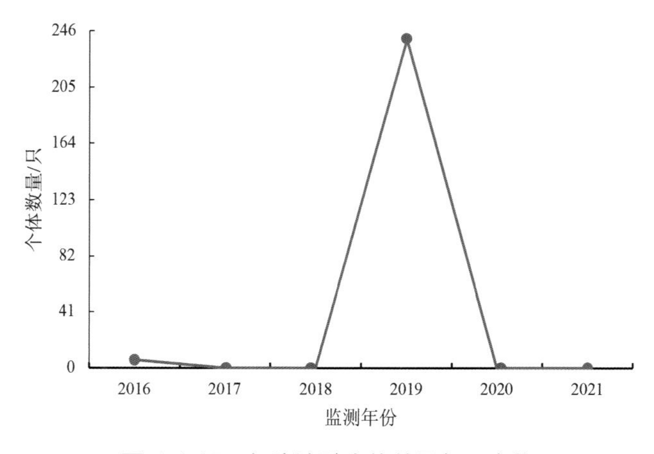

图 4.4.15 红腹滨鹬个体数量年际变化

4.4.16 红颈滨鹬

中文拼音： hóng jǐng bīn yù

地方俗名： 红胸滨鹬、稺鹬

英文名称： Red-necked Stint, Rufous-necked Sandpiper, Eastern Little Stint

拉丁学名： *Calidris ruficollis* (Pallas, 1776)

鉴别特征： 喙黑色且短，脚黑色。繁殖期头、颈、上胸红棕色，上体具棕色斑。非繁殖期眉纹白色，上体灰褐色且具杂斑及纵纹，下体白色。

保护状况： 中澳协定保护候鸟、中日协定保护候鸟、中国“三有”保护鸟类。

资源动态： 见图 4.4.16。

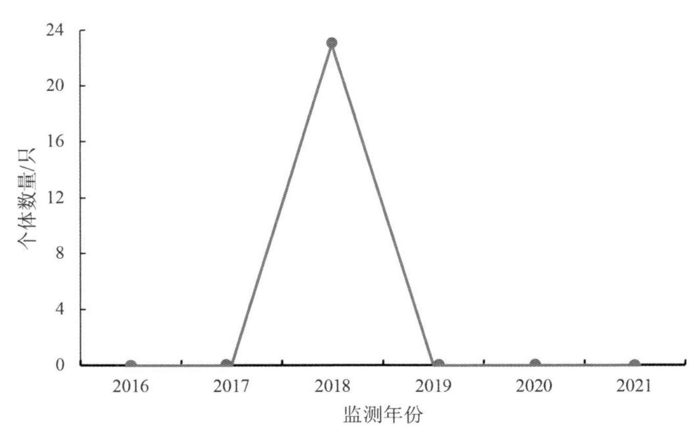

图 4.4.16 红颈滨鹬个体数量年际变化

4.4.17 青脚滨鹬

中文拼音： qīng jiǎo bīn yù

地方俗名： 乌脚滨鹬、丹氏滨鹬、丹氏穉鹬

英文名称： Temminck's Stint

拉丁学名： *Calidris temminckii* (Leisler, 1812)

鉴别特征： 喙黑色，上体灰色，羽轴色较深，下体胸部灰色，腹白色，外侧尾羽纯白色，脚黄绿色。繁殖期上体灰褐色，翼上覆羽带棕色。

保护状况： 中日协定保护候鸟、中国“三有”保护鸟类。

资源动态： 见图 4.4.17。

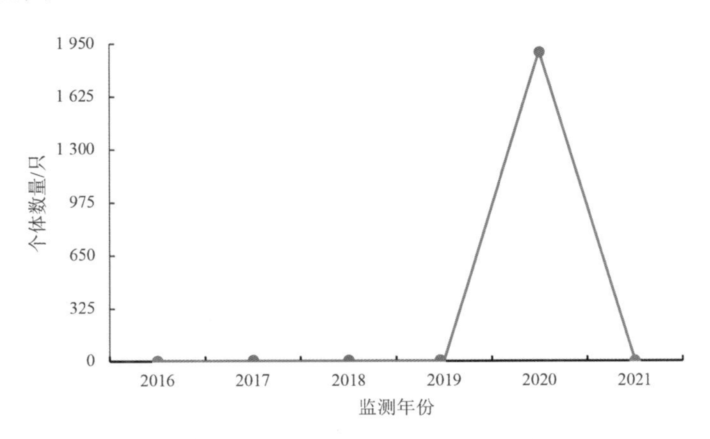

图 4.4.17 青脚滨鹬个体数量年际变化

4.4.18 黑腹滨鹬

中文拼音： hēi fù bīn yù

地方俗名： 滨鹬

英文名称： Dunlin

拉丁学名： *Calidris alpina* (Linnaeus, 1758)

鉴别特征： 喙黑色且喙端稍下弯，中央尾羽黑而两侧白色，脚黑色。繁殖期头顶及上体多棕色，腹部具大块黑斑。非繁殖期上体灰褐色且具黑褐色纵纹，胸部具灰褐色细纵纹，下体白色。

保护状况： 中澳协定保护候鸟、中日协定保护候鸟、中国“三有”保护鸟类。

资源动态： 见图 4.4.18。

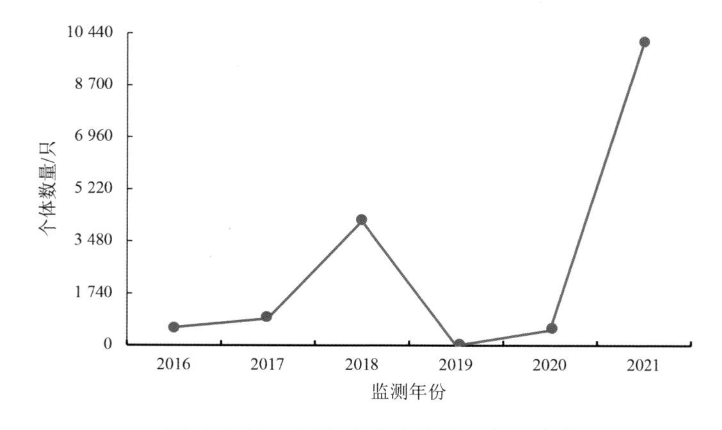

图 4.4.18 黑腹滨鹬个体数量年际变化

4.5 鸥科 Laridae

4.5.1 红嘴鸥

中文拼音：hóng zuǐ ōu

地方俗名：普通海鸥、赤嘴鸥、黑头鸥、笑鸥、钓鱼郎

英文名称：Black-headed Gull, Laughing Gull, Common Black-headed Gull

拉丁学名：*Chroicocephalus ridibundus* (Linnaeus, 1766)

鉴别特征：喙及脚红色。繁殖期头棕褐色。非繁殖期头白色，眼后具黑色点斑，上体灰色，初级飞羽末端黑色，下体及尾羽白色。亚成鸟喙及脚颜色较淡或偏黄色，尾羽末端黑色。

保护状况：中日协定保护候鸟、中国“三有”保护鸟类。

资源动态：见图 4.5.1。

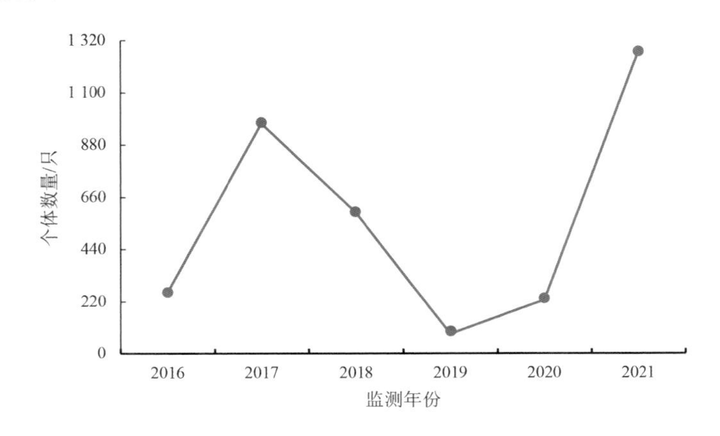

图 4.5.1 红嘴鸥个体数量年际变化

4.5.2 黑嘴鸥

中文拼音： hēi zuǐ ōu

地方俗名： 桑氏鸥、黑头鸥

英文名称： Saunder’s Gull, Chinese Black-headed Gull

拉丁学名： *Saundersilarus saundersi* (Swinhoe, 1871)

鉴别特征： 喙黑色且粗短，黑色飞羽部分具明显白斑，脚红色。繁殖期头黑色且眼后星月形白斑更明显。

保护状况： IUCN 易危物种（VU）、CMS 附录 I 物种、国家 I 级重点保护动物、《中国濒危动物红皮书》易危物种（V）、中国“三有”保护鸟类。

资源动态： 见图 4.5.2。

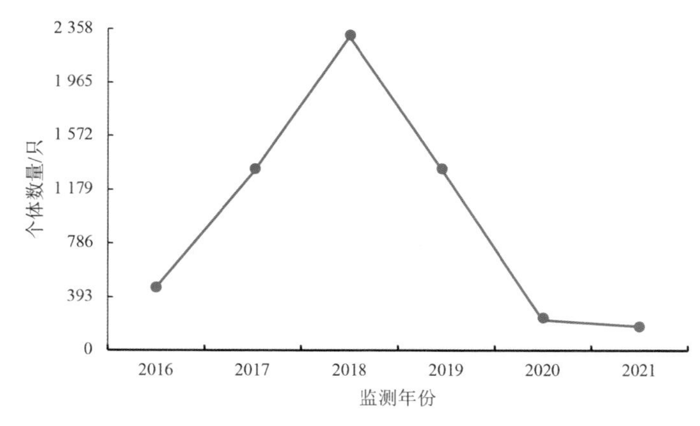

图 4.5.2 黑嘴鸥个体数量年际变化

4.5.3 遗鸥

中文拼音： yí ōu

地方俗名： 桑氏鸥、钓鱼郎、黑头鸥

英文名称： Relict Gull, Central Asian Gull

拉丁学名： *Ichthyaetus relictus* (Lonnberg, 1931)

鉴别特征： 喙及脚红色。繁殖期头黑色，眼后具明显半圆形白斑，背及翼灰色，飞行时可见翅膀前后缘有白边。非繁殖期头白色，后颈杂有褐色细纹。

保护状况： IUCN 易危物种（VU）、CITES 附录 I 物种、CMS 附录 I 物种、国家 I 级重点保护动物、《中国濒危动物红皮书》易危物种（V）。

资源动态： 见图 4.5.3。

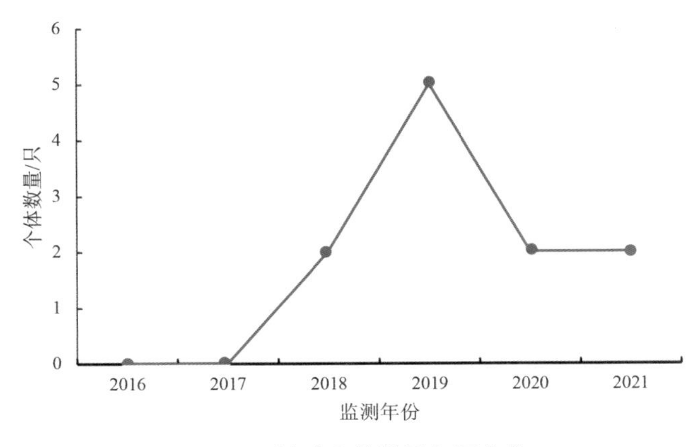

图 4.5.3 遗鸥个体数量年际变化

4.5.4 黑尾鸥

中文拼音： hēi wěi ōu

地方俗名： 钓鱼郎、海猫、乌尾尖鸥、黑尾钓鱼郎、黑尾海鸥

英文名称： Black-tailed Gull, Japanese Gull, Temminck's Gull

拉丁学名： *Larus crassirostris* Vieillot, 1818

鉴别特征： 喙黄色、尖端红色且具黑色环带，头及颈白色，眼周红色，上体灰色，外侧初级飞羽黑色，下体及腰白色，尾白色且具黑色次端宽带，脚黄色。

保护状况： 中国“三有”保护鸟类。

资源动态： 见图 4.5.4。

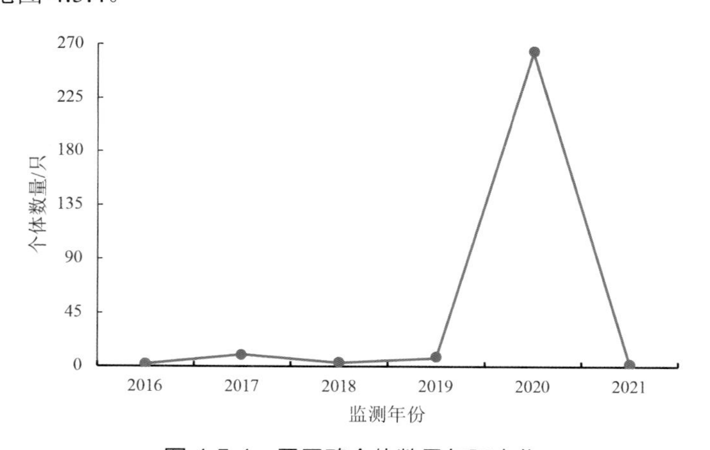

图 4.5.4 黑尾鸥个体数量年际变化

4.5.5 西伯利亚银鸥

中文拼音：xī bó lì yà yín ōu

地方俗名：织女银鸥

英文名称：Siberian Gull, Vega Gull

拉丁学名：*Larus smithsonianus* (Palmen, 1887)

鉴别特征：喙黄色且下喙次端部具红点，合拢的翼上可见多至五枚、大小相等的明显白色翼尖，脚粉红色。非繁殖期头及颈背具深色纵纹，并及胸部，上体蓝灰色。

保护状况：中日协定保护候鸟、中国“三有”保护鸟类。

资源动态：见图 4.5.5。

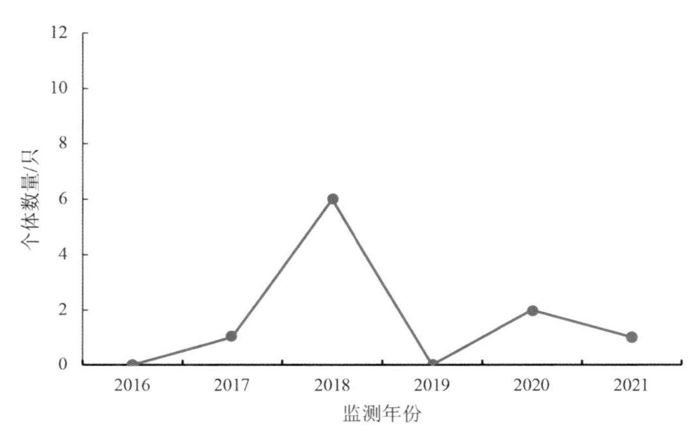

图 4.5.5 西伯利亚银鸥个体数量年际变化

4.5.6 鸥嘴噪鸥

中文拼音： ōu zuǐ zào ōu

地方俗名： 鸥嘴燕鸥、鸥嘴海鸥、噪鸥、鱼鹰子

英文名称： Gull-billed Tern, Chinese Gull-billed Tern

拉丁学名： *Gelochelidon nilotica* (Gmelin, 1789)

鉴别特征： 喙黑色且粗厚，脚黑色。繁殖期头顶全黑色。非繁殖期头白色，眼后具黑斑，上体灰色，下体白色。

保护状况： 中国“三有”保护鸟类。

资源动态： 见图 4.5.6。

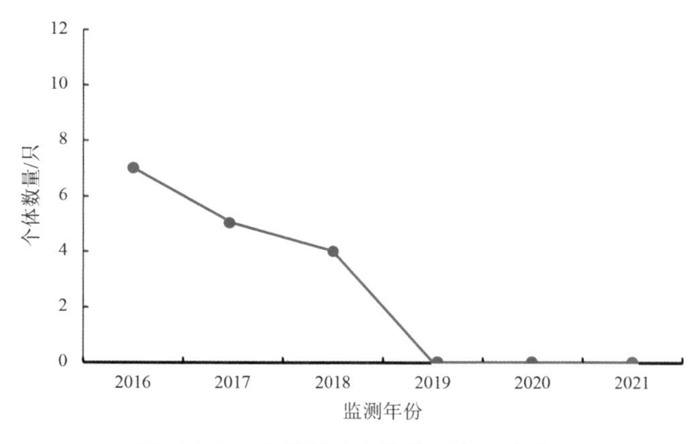

图 4.5.6 鸥嘴噪鸥个体数量年际变化

4.5.7 白额燕鸥

中文拼音： bái é yàn ōu

地方俗名： 小燕鸥、白顶燕鸥、小海燕、海鳦仔、白额海燕、东方小海燕

英 文 名 称： Little Tern, Chinese Little Tern, Least Tern, Saunder's Tern, Eastern Little Tern

拉丁学名： *Sterna albifrons* Pallas, 1764

鉴别特征： 额白色，头顶、颈背及过眼纹黑色，上体灰色，下体白色，铗尾。繁殖期喙黄而尖端黑色，脚橙黄色。非繁殖期喙黑色，头上的黑色减小成月牙形，脚暗红色。亚成鸟上背具褐色杂斑。

保护状况： 中澳协定保护候鸟、中日协定保护候鸟、中国"三有"保护鸟类。

资源动态： 见图 4.5.7。

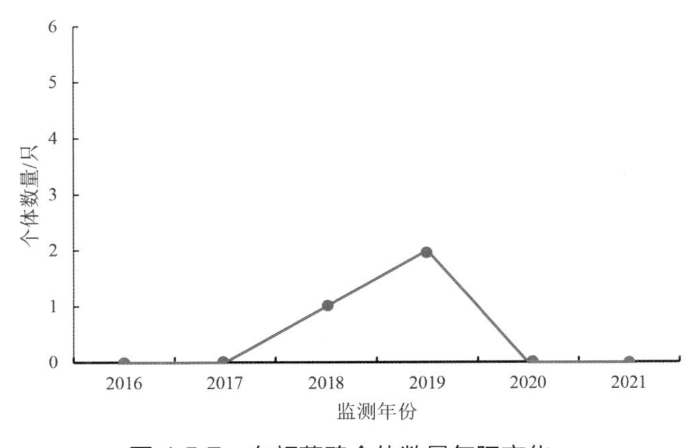

图 4.5.7 白额燕鸥个体数量年际变化

4.5.8 普通燕鸥

中文拼音：pǔ tōng yàn ōu

地方俗名：燕鸥、长翅海燕、长翎海燕、黑顶燕鸥、西藏燕鸥、钓鱼郎

英文名称：Common Tern, Nordmann's Tern, Tibetan Tern

拉丁学名：*Sterna hirundo* Linnaeus, 1758

鉴别特征：喙红而端黑或全黑色，铗尾，脚红色。繁殖期额、头顶至颈背黑色，喉白色，胸及腹灰至灰褐色。非繁殖期额白且具黑色细纹，头顶至枕部黑色，上体灰色，下体及腰白色，尾白但外侧尾羽外缘深色。亚成鸟体羽沾褐色。

保护状况：中澳协定保护候鸟、中日协定保护候鸟、中国“三有”保护鸟类。

资源动态：见图 4.5.8。

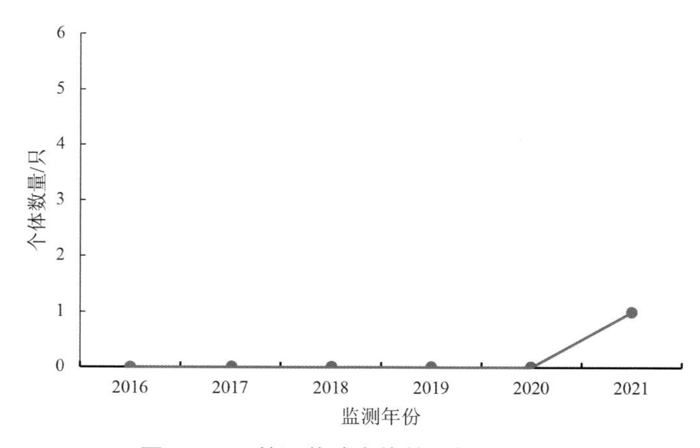

图 4.5.8 普通燕鸥个体数量年际变化

5　鹈形目 PELECANIFORMES

5.1　鹭科 Ardeidae

5.1.1　苍鹭

中文拼音：cāng lù

地方俗名：灰鹭、灰鹭鸶、老等、青庄、捞鱼鹳

英文名称：Grey Heron

拉丁学名：*Ardea cinerea* Linnaeus, 1758

鉴别特征：喙黄偏红色，头顶白色，头侧黑色，眼黄色，颈前具 2 ～ 3 条黑色纵线，背灰色，飞羽黑色，体羽灰色为主夹有白色，脚黄偏红色。繁殖期具黑色辫羽。

保护状况：中国“三有”保护鸟类。

资源动态：见图 5.1.1。

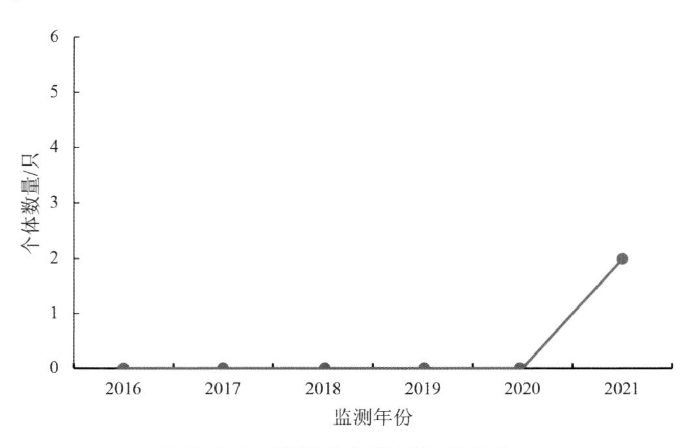

图 5.1.1　苍鹭个体数量年际变化

5.1.2 白鹭

中文拼音：bái lù

地方俗名：小白鹭、白鹭鸶、春锄、白鸟、白鹤

英文名称：Little Egret

拉丁学名：*Egretta garzetta* (Linnaeus, 1766)

鉴别特征：喙黑色，眼黄色，体羽全白色，脚黑色，趾黄绿色。繁殖期枕部通常具2根长饰羽（辫羽），背及胸具蓑羽。非繁殖期无饰羽。

保护状况：中国“三有”保护鸟类。

资源动态：见图5.1.2。

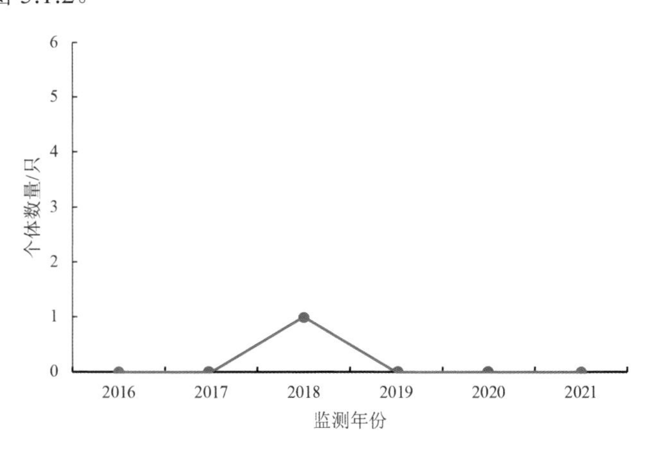

图5.1.2 白鹭个体数量年际变化

附录一：滨海湿地鸟类监测技术规程

滨海湿地鸟类监测技术规程

（试行）

1 范围

本标准规定了滨海湿地鸟类监测的主要内容、技术要求和方法。

本标准适用于在中华人民共和国所辖海域内的滨海湿地鸟类监测工作。

2 规范性引用文件

下列文件中的条款通过本标准的引用而成为本标准的条款。凡是注日期的引用文件，其随后所有的修改单（不包括勘误的内容）或修订版均不适用于本标准，然而，鼓励根据本标准达成协议的各方研究是否可使用这些文件的最新版本。凡是不注日期的引用文件，其最新版本适用于本标准。

GB/T 26535—2011　国家重要湿地确定指标

GB/T 7714—2005　文后参考文献著录规则

3 术语和定义

下列术语和定义适用于本标准。

3.1 滨海湿地 coastal wetland

低潮时水深浅于 6 m 的水域及其沿岸浸湿地带，包括低潮时水深不超过 6 m 的永久性水域、潮间带（或洪泛地带）和沿海低地等。

3.2 特有物种 endemic species

在某一生物地理区独有的物种，即不在世界其他地方分布的物种。

[GB/T 26535—2011，定义 2.5]

3.3 旗舰物种 flagship species

对一般大众具有特别号召力和吸引力的物种，该物种是地区保育的主题物种。

3.4 物种多样性 species diversity

群落内或生态系统中物种的多寡和不均匀性。

4 监测方案设计

4.1 监测原则

监测方案的制定和监测执行过程中应遵循以下原则：

a) 达到监测任务所规定的要求和目的；

b) 立足现有技术成果和科研设备条件；

c) 体现监测对象和目标的典型性和代表性；

d) 保证数据的标准化和可比性；

e) 满足实用性和可操作性的要求；

f) 要做到“三固定”，即监测样线、样点固定，监测对象固定，监测方法固定，此外监测的季节和时间段、从事监测的人员也应尽可能保持固定；

g) 监测需要有长期数据积累才能看出趋势，因此滨海湿地鸟类监测要求常年坚持，并保证数据完整、翔实。

4.2 监测程序

4.2.1 分析历史资料

收集资料并分析监测区域环境特征、人为影响程度、滨海湿地鸟类组成与分布特征、各类群和物种的种群数量、适宜监测物种的生态学以及种群特征等。

4.2.2 确定监测目的

依据历史资料，确定监测目的和目标。

4.2.3 确定监测方法

根据监测目的和目标，确定监测对象，并根据监测对象的生物生态学特点，选择和确定监测方法和数据要求。

4.2.4 制订监测计划

根据监测方法，确定监测计划。监测计划应当包括以下主要内容：监测对象，监测和记录的指标，监测地点的选择和抽样标准，监测样地、样线或样点的设置，监测时间和频次，监测人员，记录方法，监测记录表格，监测所需经费和仪器资料，监测行程安排。

4.2.5 监测前期准备

根据监测计划，准备好野外调查监测所需的各种工具（参见表 1），首次开展监测应对监测人员进行培训，提高监测人员对监测物种的特征识别和数量统计能力，统一调查方法和记录标准，以后的调查监测也要有计划地进行相关的培训。

表 1　滨海湿地鸟类调查监测常用工具

工具类型	工具	用途
监测仪器	高倍单筒观鸟望远镜、双筒观鸟望远镜、摄像机 / 照相机、三脚架、全球定位系统（GPS）、测距仪	观察监测
记录工具	监测记录表格、观察记录本、记录笔、录音笔、地图册	数据记录
鉴定工具	鸟类学鉴定书籍（图鉴、鸟类志）、鸟类识别 App	物种鉴定参考
交通工具	越野车、船只	野外交通运输

在进行调查监测前，借助历史遥感影像资料等预先准备有关监测区域的地图，以显示：

a) 监测区域的海域使用或地理状况；

b) 监测区域的面积；

c) 监测区域生境状况，例如植被、滩涂、底质类型、浅水区、河道、渠道、公路等以及它们之间的关系。

出发前考虑以何种方式进行调查监测：以步行方式调查滩涂、沙洲或鸟群集中地点；在比较开阔、生境均匀的大范围区域可借助汽车、船只进行调查。重要的是，当调查监测方式以及线路选定后，日后每次调查都需要依据该方式以及线路进行，以便做数据比较。

在海岸地区进行调查，需提前了解潮汐变化，以帮助确定调查方式以及行程安排。

4.2.6 监测实施

在野外调查监测时，应严格按照监测计划和监测方法进行，确保监测结果的准确性、可比性和可重复性。详细记录有关监测数据，填写调查表格，对调查监测中出现的意外情况和部分调整应详细说明，尤其是可能使结果产生各种偏差的影响因子，并将其作为数据处理和今后工作的参考。

4.2.7 数据处理

严格按照监测计划进行监测数据整理、分析，保证数据处理的标准化，减少人为误差，使监测结果之间具有可比性。应建立监测数据库，长期累积监测分析数据和原始资料数据。

4.2.8 编写监测报告

根据野外调查监测和数据处理分析的结果，编写监测报告，阐述监测结果，并对其作出相应的解释和说明。对监测中出现的问题提出解决方案，并提出相应的调整方案，逐步完善监测计划。

4.3 监测对象

4.3.1 滨海湿地鸟类群落监测

选择典型生境或代表性生境，对监测区域内遇到的所有滨海湿地鸟类进行调查监测。滨海湿地鸟类群落监测适合于水鸟分类知识丰富、熟悉当地水鸟状况的技术人员开展细致的科学研究。

4.3.2 滨海湿地鸟类群落代表性物种监测

选择典型生境或代表性生境，对监测区域内一个或多个代表性滨海湿地鸟类物种进行调查监测。代表性物种选择应遵循以下原则：

a) 体现监测区域和各种生境的典型性和代表性；

b) 对监测生境依赖性强，对环境变化有足够的敏感性，可以指示环境的变化；

c) 能够用来指示自然环境由于人为干扰而产生的变化趋势；

d) 具有提供连续评价环境威胁的能力；

e) 具有较明显的识别特征，易于识别；

f) 具有较广的地理分布范围和一定的种群数量；

g) 监测数据具有可收集性和度量性；

h) 满足监测的长期性、实用性和可操作性等要求。

4.3.3 特定滨海湿地鸟类物种监测

选择监测区域内珍稀濒危物种、本地特有物种或旗舰物种实施重点调查监测。特定物种选择应遵循以下原则：

a) 珍稀濒危物种，如被列入《国家重点保护野生动物名录》的Ⅰ、Ⅱ级重点保护鸟类，《世界自然保护联盟红色名录》极危、濒危、易危等级鸟类和《濒危野生动植物物种国际贸易公约》（CITES）附录Ⅰ、Ⅱ中的鸟类；

b) 对监测区域和生境有代表性的物种，监测区域特有物种或经济价值大的物种；

c) 可以反映栖息地的变化，或严重受到人为干扰的物种；

d) 具有一定的种群数量、易于识别的物种；

e) 满足监测的长期性、实用性和可操作性等要求。

4.4 监测内容和指标

通常，滨海湿地鸟类监测内容和指标应按表 2 所列选取。对于不同监测区域可根据实际情况对监测内容和和指标进行适当增减。

表 2　滨海湿地鸟类监测内容和指标

监测内容	监测指标	监测途径
鸟类群落物种组成	种类	野外调查
	数量	野外调查
	地理区系、居留型等	资料查阅
特定鸟类资源状况	种类	野外调查和访问调查
	数量	野外调查和访问调查
	生存状况	野外调查和访问调查
	主要威胁因子	野外调查和访问调查
鸟类栖息地状况	栖息地面积、植被覆盖度、人类活动干扰情况等	遥感调查、野外踏勘和访问调查

4.5 监测时间和频次

4.5.1 监测时间

滨海湿地鸟类监测分繁殖期监测、越冬期监测和迁徙期监测。在我国繁殖期一般为 5 月至 7 月，越冬期为 12 月至翌年 2 月，其余时间为迁徙期。各监测区域应根据当地的物候特征确定最佳监测时间。监测时间选择应遵循以下原则：

a) 为保证监测的准确性，监测应在天气晴朗、风速较小、能见度较高的情况下开展；

b) 选择监测区域内滨海湿地鸟类种类和数量均保持相对稳定的时期；

c) 为减少重复记录，监测应在较短时间内完成（一般为 3 ～ 5 天，监测区域面积较大者可适当延长时间，但一般以不超过 14 天为宜）；

d) 滨海湿地鸟类调查监测的最佳时段一般在监测区域涨潮至最高潮前 2 小时内和退潮至最低潮前 2 小时内。

4.5.2 监测频次

滨海湿地鸟类监测频次目前没有强制性规定，可以根据监测内容、目标等实际情况确定，从每个月 1 次到每五年 1 次均可。一年内的监测频次通常有以下几种方式：

a) 每个月都进行 1 次监测；

b) 春夏秋冬4个季节，每个季节都进行1次监测；

c) 繁殖期和越冬期各进行1次监测；

d) 仅繁殖期或越冬期进行1次监测。

4.6 监测样线和样点

监测样线和样点的选择应遵循以下布设原则：

a) 代表性原则：所选监测样线和样点要能代表监测区域的不同生境特点，在不同的生境类型中分别设置足够数量的监测样线和样点；

b) 有效性原则：对所选监测样线和样点实施监测的数据要能有效反映整个监测区域滨海湿地鸟类资源状况；

c) 可行性原则：所选监测样线和样点在实际操作中应方便可行，易于监测工作的开展；

d) 固定性原则：所选监测样线和样点应有利于监测工作的长期开展，理论上选取监测样线和样点应采用随机表进行随机抽样，无法采用随机抽样的监测区域，可以采用系统抽样和分层抽样的方法进行：

1) 系统抽样：在监测区域内按一定的距离或行走的时间间隔确定监测样线和样点；

2) 分层抽样：按监测区域内不同生境分别抽取和设置足够数量的监测样线和样点。

4.7 监测方法

4.7.1 通则

滨海湿地鸟类调查监测方法可大致分为完全统计法和抽样调查法两大类。完全统计法在实际运用中主要有分区直数法，抽样调查法在实际运用中主要有样线法、样点法；此外，还有繁殖群落统计法、水鸟集群估算法等特殊监测方法。由于监测目的、监测区域生境、地形地貌等因素都直接影响着各调查监测方法的实际运用，每种方法都有其利弊，因此在实际监测过程中需要合理地选取最适合的监测方法。

在野外调查监测过程中应采取有效措施确保对鸟类干扰最小。观测记录过程中注意不得随意触碰雏鸟、鸟蛋以及鸟巢，不得大声喧哗、惊吓鸟群，观测记录结束后应迅速离开调查监测区域。

滨海湿地鸟类及其栖息地生境调查监测原始记录表见附录A，滨海湿地鸟类监测结果汇总统计表见附录B。

4.7.2 分区直数法

4.7.2.1 适用范围

适用于视野较为开阔、滨海湿地鸟类活动范围相对稳定且数量较小的监测区域。

4.7.2.2 观测记录

根据监测区域具体生境、地形地貌等情况进行观测分区，各分区间应能有明显的景观界限确定边界。借助望远镜等工具对各分区中滨海湿地鸟类的种类和数量进行逐一统计，最终得出整个监测区域内滨海湿地鸟类的种类和数量。

4.7.3 样线法

4.7.3.1 适用范围

适用于滨海湿地芦苇、红树林等适宜观测者行进的监测区域。

4.7.3.2 观测记录

根据监测区域可观测视野以及调查监测工具实际情况，样线有效观测宽度范围可设置在 100 ～ 300 m 之间，样线长度 1.5 ～ 3 km 之间。每种生境类型确定 2 ～ 5 条样线，各样线互不重叠、均匀分布或随机分布在监测区域内。在实际调查监测时可根据实地情况利用公路、小径、潮沟等作为调查样线。

在进行样线调查时，观测者需要有一个相对稳定的行进速度，通常规定在 1.5 ～ 3 km/h。调查全程观测者应保持匀速行进，只有在记录时方可停下来，而且要尽快记录，然后恢复行进。

观察记录样线两侧和前方看到的滨海湿地鸟类种类和数量，不记录从观测者身后向前方飞行的鸟类，以免重复记数。

4.7.4 样点法

4.7.4.1 适用范围

样点法是样线法的一种变形，即观测者行进速度为零的样线法，适用于地形复杂的监测区域以及特定滨海湿地鸟类物种监测。

4.7.4.2 观测记录

通常，样点法有如下基本要求：

a) 一般需要 20 个以上的样点数才能有效估计大多数鸟类的密度。如果时间和人力充足，样点越多，效果越好。

b) 为了保证调查监测的独立性，样点之间的距离应在 200 m 以上，并对每个样点用 GPS 进行标记定位和选择。

c) 在调查监测过程中，有 3 min、5 min、8 min、10 min、15 min、20 min 等不同记录持续时间方式，通常认为 5 ～ 10 min 统计时间为宜。

4.7.5 繁殖群落统计法

4.7.5.1 适用范围

适用于滨海湿地鸟类群聚筑巢的监测区域。

4.7.5.2 观测记录

统计滨海湿地鸟类对数或有鸟占据的鸟巢数量。对于鸟巢密度很高的鸟种，可将群聚筑巢区域划分为多个小区，再分别观测统计各小区的鸟类。对于鸟巢显著可见的鸟种，可通过群落拍照，从照片上统计鸟巢数量。通过对群聚筑巢区域的总面积、被鸟所占据的鸟巢数量以及调查面积进行换算，最终达到滨海湿地鸟类数量统计的目的。

4.7.6 滨海湿地鸟类集群估算法

4.7.6.1 适用范围

适用于视野开阔、滨海湿地鸟类集群活动且数量很大的监测区域。

4.7.6.2 观测记录

首先对滨海湿地鸟类群落根据不同分布密度分成大、中、小三个密度级，使用单筒望远镜固定视野大小，对不同密度级的鸟类进行固定视野取样，统计出不同密度级中的平均数量（每个密度级可取样 3 ～ 5 个进行平均数统计）和不同种类所占的比例。确定不同密度级的平均数量和种类后，对整个鸟类群落进行顺次固定视野取样，以每个视野内的鸟类密度级统计，得出整个鸟类群落拥有不同密度级的视野数量，最后根据不同密度级的数量和种类平均数对鸟类群落进行估算统计。

此外，也可直接以 10 只、20 只、50 只或 100 只为基本计数单位对滨海湿地鸟类群落进行数量统计。首先根据活动群体的密度确定 10 只、20 只、50 只或 100 只所分布的大概尺度，再以该尺度对大群体进行分割计数，以多少个 10 只、20 只、50 只或 100 只来统计。

5 数据处理

5.1 通则

通常，滨海湿地鸟类物种多样性选用 Shannon-Wiener 多样性指数、Pielou 均匀度指数、Margalef 丰富度指数、Simpson 优势度指数或 Sorensen 相似性指数表示。在实际监测工作中可根据需要选取适当的相关指标参数。

基于滨海湿地鸟类数据处理结果，完成监测报告的撰写。滨海湿地鸟类监测报告的主要内容和编写格式见附录C。

5.2 Shannon–Wiener 多样性指数计算

Shannon-Wiener 多样性指数是用来描述物种内个体出现的紊乱和不确定性。不确定性越高，多样性也就越高。

计算公式：

$$H' = -\sum_{i=1}^{S} P_i \log_2 P_i \tag{1}$$

式中：

H'——Shannon-Wiener 多样性指数；

S——记录到的鸟类种类总数；

P_i——第 i 种的个体数与总个体数的比值。

5.3 Pielou 均匀度指数计算

均匀度是用来描述群落中不同物种多度的分布情况。本标准采用基于 Shannon-Wiener 多样性指数的 Pielou 均匀度指数。

计算公式：

$$J = H'/H_{max} \tag{2}$$

式中：

J——Pielou 均匀度指数；

H'——Shannon-Wiener 多样性指数；

H_{max}——Shannon-Wiener 多样性指数的最大值（$\log_2 S$）；

S——记录到的鸟类种类总数。

5.4 Margalef 丰富度指数计算

计算公式：

$$d_{Ma} = (S-1)/\log_2 N \tag{3}$$

式中：

d_{Ma}——Margalef 丰富度指数；

S——记录到的鸟类种类总数；

N——所有鸟类的个体总数。

5.5 Simpson 优势度指数计算

计算公式：

$$C = 1 - \sum_{i=1}^{s} P_i^2 \quad (4)$$

式中：

C ——Simpson 优势度指数；

S ——记录到的鸟类种类总数；

P_i ——第 i 种的个体数与总个体数的比值。

5.6 Sorensen 相似性指数计算

Sorensen 相似性指数是测度群落间或样方间相似程度的指标。

计算公式：

$$S = 2c/(a+b) \quad (5)$$

式中：

S ——Sorensen 相似性指数；

a ——群落（或样方）A 中的鸟类种类数；

b ——群落（或样方）B 中的鸟类种类数；

c ——两个群落（或样方）中共有的鸟类种类数。

6 质量控制和安全管理

6.1 抽样调查

严格按照抽样调查的代表性、有效性、可行性和固定性原则进行监测样地的选择，保证足够的抽样数量。在首次确定监测样线和样点后，应采取必要的保护措施，保证样线和样点的长期有效性，并对样线和样点的布局（例如 GPS 全程记录轨迹）、选取依据与过程、本底数据（例如地理位置、生境条件）进行详细记录归档。再次调查时，在原抽样地点进行调查，并记录生境的变化。

6.2 调查观测和数据记录

在监测实施前，根据监测目标和监测指标等设计好标准化的记录表格。野外记录时严格按照设计好的表格进行规范填写和记录，原始数据记录要长期保存，不得轻易涂改。若有错误确需改正时，则用横线联出并在旁边进行改正以及说明原因，同时修改人须签字确认。

6.3 数据保存和处理

及时将纸质版数据转为电子档案长期保存，数据录入计算机后由输入者自行复查一次，年度总结前对全年数据再次复查，保证分析数据源的准确性。及时发现监测过程中的问题，发现问题应及时与负责人联系，进一步复核数据的准确性，发现数据缺失或可疑时，及时进行必要的补充。负责人应不定期对数据进行抽查审核。

所有核实后的数据应上传至监测系统的共享服务器中，上交或公开的文字材料均须负责人审查，并进行必要的备份。

6.4 监测人员

监测人员须经过专业培训和野外实践，除掌握滨海湿地鸟类识别、计数等技术外，还需熟练掌握监测程序、监测方法等，并严格进行观测和记录。监测人员在调查监测过程中应对天气、环境状况和调查情况等进行翔实描述记录，并签字确认。每次调查监测须至少保证 2 人参加。

6.5 安全管理

在从事监测工作前，应购买必要的防护用品和应急药品，进行必要的防护准备工作。作业期间，在确保人员、设备和操作安全的情况下方可进行调查监测；在偏远地区开展监测工作时应选择使用卫星电话等方式确保与外界通讯无障碍；在芦苇荡、柽柳林、红树林等火灾高发区域开展监测工作时还应严防火灾；禁止在雨雾等影响监测结果和人身安全的天气条件下开展调查监测。

附 录 A

（规范性附录）

滨海湿地鸟类野外调查监测用表

表 A.1　滨海湿地鸟类及其栖息地生境调查表

调查人员姓名、工作单位＿＿＿＿＿＿＿＿＿＿＿＿＿＿＿＿＿＿＿＿

湿地名称＿＿＿＿＿＿＿＿＿＿＿＿ 湿地详细地址＿＿＿＿＿＿＿＿＿＿＿＿

地理坐标＿＿＿＿°（东经）＿＿＿＿°（北纬） 湿地面积＿＿＿＿＿＿＿＿公顷

调查日期＿＿＿＿＿＿＿＿＿＿＿＿＿＿ 气温＿＿＿＿＿＿＿＿＿＿＿＿

调查时间段＿＿＿＿＿＿—＿＿＿＿＿＿ 天气＿＿＿＿＿＿＿＿＿＿＿＿

调查方法：□陆域调查 □海上调查 □航空调查 其他＿＿＿＿＿＿＿＿＿＿

潮汐状况：□涨潮 □退潮 □不清楚

水鸟记录

表 A.1　滨海湿地鸟类及其栖息地生境调查表（续）

生境描述

湿地类型（可多选，下同）：□浅海水域 □岩石海岸 □沙石海滩 □淤泥质海滩
□盐沼 □红树林 □河口水域 □咸水（潟）湖
□养殖塘 □盐田 其他________________

水深 /m：□ 0 □ 0 ～ 0.5 □ 0.5 ～ 1.0 □ 1.0 以上 □部分结冰 □全部结冰

水来源：□海洋 □河流 □降雨 □不清楚 其他________________

该湿地为：□永久湿地 □半永久湿地 □季节性湿地 □不清楚

植被覆盖：□无 □少量 □较多 □完全覆盖 □近期被砍除 □不清楚

植被种类：□芦苇 □碱蓬 □红树植物 □柽柳 □米草 □不清楚 其他__________

渔业情况：□无 □少量 □中量 □大量 □不清楚

面临威胁：□无 □植被过度生长 □水体富营养化 □过度捕捞 □围垦
□基础建设 □工农业污染 □生活垃圾 □旅游过度开发
□鸟类猎捕 □不清楚 其他________________

污染来源：□生活废水 □工业“三废” □海上溢油 □农药 □化肥
□养殖废水 □盐场 □不清楚 其他________________

湿地受保护状况：□未受保护 □政府管理 □传统习俗 □保护组织
□当地居民 □不清楚

其他描述________________________________

附 录 B

（规范性附录）

滨海湿地鸟类监测结果汇总统计表

表 B.1　× × 滨海湿地鸟类名录

序号	物种名	拉丁名	IUCN	CITES	中外候鸟保护协定	国家重点保护等级	居留型	统计数量 / 只
一	䴙䴘目	Podicipediformes						
1	䴙䴘科	Podicipedidae						
(1)	凤头䴙䴘	*Podiceps cristatus*			中日		W	100
二	鹳形目	Ciconiformes						
2	鹳科	Ciconiidae						
(2)	东方白鹳	*Ciconia boyciana*	EN	I	中日	I	S	5

注：1. 表格中内容均为范例，依实际调查监测结果填写。

2. 滨海湿地鸟类名录序号按照《中国鸟类分类与分布名录（第三版）》所列目、科、种依次编号。

3.《世界自然保护联盟红色名录》受威胁等级：“CR”表示隶属极危等级，“EN”表示隶属濒危等级。“VU”表示隶属易危等级。

4. 按《濒危野生动植物物种国际贸易公约》（CITES）附录 I 和附录 II 标注。

5. 中外候鸟保护协定：“中澳”表示隶属《中华人民共和国政府和澳大利亚政府保护候鸟及其栖息环境协定》，“中日”表示隶属《中华人民共和国政府和日本国政府保护候鸟及其栖息环境协定》。

6. 国家重点保护等级：“I”表示隶属《国家重点保护野生动物名录》I 级野生动物、“II”表示隶属 II 级野生动物。

7. 鸟类居留型：“R”表示留鸟、“S”表示夏候鸟、“W”表示冬候鸟、“P”表示旅鸟、“V”表示迷鸟。

附 录 C
（规范性附录）
滨海湿地鸟类监测报告

C.1 通则

滨海湿地鸟类野外调查监测工作完成后，应尽快将有关数据录入计算机，依据监测目的和数据进行分类统计，以历史资料和监测数据为基础，阐述和评价监测区域和监测物种的现状及其变化，分析存在的主要问题，并针对问题提出适当的对策与建议。在此基础上完成监测报告的撰写。报告的撰写要突出科学性、准确性、及时性、可比性和针对性，对质量分析体现综合性和严谨性。

C.2 报告章节内容

C.2.1 前言：介绍项目任务的来源、监测目的意义、监测任务实施单位、实施时间与时段。简介上一年度以及更早年度的监测工作情况和结果。

C.2.2 自然概况：描述监测区域的位置（行政与地理位置）、自然环境概况与社会经济现状、滨海湿地鸟类栖息地现状和特点、目前面临的主要问题等。有条件的还应包括滨海湿地鸟类多样性状况、区系组成和特点等内容。

C.2.3 监测方案：说明监测内容和指标、监测区域与范围、监测样线和样点布设、监测时间与频次、所使用的工具与监测技术、评价方法与标准等。

C.2.4 监测结果：根据原始记录数据进行分析和归纳，以总结性的图和表等形式说明滨海湿地鸟类群落及其栖息地特征、重点监测物种的现状。通常，鸟类群落的特征包含如下定量指数：记录鸟类物种总数、数量，各生境鸟类物种总数、数量，重点监测鸟类物种多样性指标等；特定鸟类物种还应列出其分布位置、栖息地面积、生境质量等信息。

C.2.5 评价：将本次监测结果与历史资料、往次监测结果做比较，说明滨海湿地鸟类群落以及重要种类的动态变化情况，分析滨海湿地鸟类栖息地和鸟类群落变化关系，分析特定鸟类物种及其栖息地面临的主要威胁、已采取的保护措施。在此基础上评估监测区域保护措施的效果，提出相应的保护管理对策和建议。若有必要，也应提出在实际监测工作中发现的问题和改进措施。

C.2.6 参考文献：列出文中所涉及的文献资料。按照 GB/T 7714—2005 的规定执行。

C.2.7 附表：附上监测结果汇总统计表、各样线（点）调查汇总表等。

C.2.8 附图：附上监测区域位置图、监测区域生境分布图、监测样线和样点分布图、监测物种分布图等。

C.2.9 附件：附上有关文件以及部分工作照片等。

C.3 报告文本格式

C.3.1 文本规格：滨海湿地鸟类监测报告书文本外形尺寸为A4（210 mm×297 mm）。

C.3.2 封面格式：第一行书写“××年××滨海湿地鸟类监测报告（一号宋体，加黑，居中）”；落款书写编制单位全称（如有多个单位可逐一列入，三号宋体，加黑，居中）；最后一行书写“××年××月（小三号宋体，加黑，居中）”。以上各行间距应适宜，保持封面美观。

C.3.3 封里一格式：封里一中应分行写明监测项目实施单位全称（加盖公章）；项目负责人、技术总负责人、分项目负责人姓名；报告编制单位全称（加盖公章）；编制人、审核人姓名；编制单位地址；通讯地址；邮政编码；联系人姓名；联系电话；电子邮箱等内容（小三号宋体，加黑，左对齐）。

C.3.4 目录格式：列出一级至三级标题。

C.3.5 正文格式：正文内容格式根据实际需要合理安排，确保全文格式统一、整体美观。

附录二：营口滨海湿地水鸟监测结果汇总表

营口滨海湿地水鸟监测结果汇总表

序号	物种名	拉丁名	IUCN	CITES	CMS	中外候鸟保护协定	国家重点保护等级	中国濒危动物红皮书	“三有”保护鸟类	居留型	水鸟统计数量 / 只					
											2016 年	2017 年	2018 年	2019 年	2020 年	2021 年
一	雁形目	**ANSERIFORMES**														
1	鸭科	Anatidae														
（1）	大天鹅	*Cygnus cygnus*				中日	II	V		S	0	0	0	0	0	1
（2）	翘鼻麻鸭	*Tadorna tadorna*				中日			√	S	5 248	2 575	1 231	2 407	1 022	870
（3）	绿头鸭	*Anas platyrhynchos*				中日			√	S	0	0	0	0	0	1
（4）	斑嘴鸭	*Anas zonorhyncha*							√	S	0	2	0	0	2	29
（5）	普通秋沙鸭	*Mergus merganser*				中日			√	S	0	0	0	5	0	0
二	䴙䴘目	**PODICIPEDIFORMES**														
2	䴙䴘科	Podicipedidae														
（6）	小䴙䴘	*Tachybaptus ruficollis*							√	R	0	0	2	0	0	6
（7）	凤头䴙䴘	*Podiceps cristatus*				中日			√	S	0	0	0	0	9	0
三	鹤形目	**GRUIFORMES**														
3	秧鸡科	Rallidae														
（8）	白骨顶	*Fulica atra*							√	S	0	0	0	0	0	5

序号	物种名	拉丁名	IUCN	CITES	CMS	中外候鸟保护协定	国家重点保护等级	中国濒危动物红皮书	“三有”保护鸟类	居留型	水鸟统计数量 / 只					
											2016 年	2017 年	2018 年	2019 年	2020 年	2021 年
四	鸻形目	**CHARADRIIFORMES**														
4	蛎鹬科	Haematopodidae														
（9）	蛎鹬	*Haematopus ostralegus*				中日			√	S	0	0	92	0	0	0
5	反嘴鹬科	Recurvirostridae														
（10）	黑翅长脚鹬	*Himantopus himantopus*				中日			√	S	0	65	0	0	10	15
（11）	反嘴鹬	*Recurvirostra avosetta*				中日			√	P	33	58	26	131	502	434
6	鸻科	Charadriidae														
（12）	金鸻	*Pluvialis fulva*				中澳、中日				P	5	0	0	0	1	0
（13）	灰鸻	*Pluvialis squatarola*				中澳、中日			√	P	0	116	4	0	10	2
（14）	环颈鸻	*Charadrius alexandrinus*							√	P	219	1 033	1 358	258	2 367	630
（15）	蒙古沙鸻	*Charadrius mongolus*				中澳、中日			√	P	0	13	0	0	4	0
（16）	铁嘴沙鸻	*Charadrius leschenaultii*				中澳、中日			√	P	5	0	1	0	0	0
7	鹬科	Scolopacidae														
（17）	半蹼鹬	*Limnodromus semipalmatus*				中澳	II		√	P	1	0	0	0	0	0
（18）	黑尾塍鹬	*Limosa limosa*				中澳、中日			√	S	130	5 700	0	4 012	300	6 762
（19）	斑尾塍鹬	*Limosa lapponica*				中澳、中日			√	P	2	0	13 207	6 662	10 200	2 070
（20）	小杓鹬	*Numenius minutus*				中澳	II			P	0	2	0	0	3	0

序号	物种名	拉丁名	IUCN	CITES	CMS	中外候鸟保护协定	国家重点保护等级	中国濒危动物红皮书	“三有”保护鸟类	居留型	水鸟统计数量 / 只					
											2016 年	2017 年	2018 年	2019 年	2020 年	2021 年
（21）	中杓鹬	*Numenius phaeopus*				中澳、中日			√	P	0	206	27	30	0	1
（22）	白腰杓鹬	*Numenius arquata*				中澳、中日	II		√	P	75	461	300	195	593	707
（23）	大杓鹬	*Numenius madagascariensis*	EN			中澳、中日	II		√	P	1 425	661	474	347	2 817	1 478
（24）	鹤鹬	*Tringa erythropus*				中日			√	P	64	8	1	0	0	3
（25）	红脚鹬	*Tringa totanus*				中澳、中日			√	P	46	11	2	21	31	9
（26）	泽鹬	*Tringa stagnatilis*				中澳、中日			√	P	0	16	1	1	0	0
（27）	青脚鹬	*Tringa nebularia*				中澳、中日			√	P	2	106	18	0	134	2
（28）	翘嘴鹬	*Xenus cinereus*				中澳、中日			√	P	2	1	3	0	3	12
（29）	翻石鹬	*Arenaria interpres*				中澳、中日	II		√	P	0	0	2	0	0	0
（30）	大滨鹬	*Calidris tenuirostris*	EN			中澳、中日	II		√	P	0	0	80	180	0	2
（31）	红腹滨鹬	*Calidris canutus*			II	中澳、中日			√	P	6	0	0	240	0	0
（32）	红颈滨鹬	*Calidris ruficollis*				中澳、中日			√	P	0	0	23	0	0	0
（33）	青脚滨鹬	*Calidris temminckii*				中日			√	P	0	0	0	0	1 900	0
（34）	黑腹滨鹬	*Calidris alpina*				中澳、中日			√	P	589	890	4 153	0	500	10 170
8	鸥科	Laridae														
（35）	红嘴鸥	*Chroicocephalus ridibundus*				中日			√	P	260	970	596	83	227	1 274
（36）	黑嘴鸥	*Saundersilarus saundersi*	VU		I		I	V	√	P	461	1 295	2 299	1 273	221	174

序号	物种名	拉丁名	IUCN	CITES	CMS	中外候鸟保护协定	国家重点保护等级	中国濒危动物红皮书	“三有”保护鸟类	居留型	水鸟统计数量 / 只					
											2016 年	2017 年	2018 年	2019 年	2020 年	2021 年
（37）	遗鸥	*Ichthyaetus relictus*	VU	I	I		I	V		P	0	0	2	5	2	2
（38）	黑尾鸥	*Larus crassirostris*							√	P	2	10	3	7	263	2
（39）	西伯利亚银鸥	*Larus smithsonianus*				中日			√	P	0	1	6	0	2	1
（40）	鸥嘴噪鸥	*Gelochelidon nilotica*							√	P	7	5	4	0	0	0
（41）	白额燕鸥	*Sterna albifrons*				中澳、中日			√	S	0	0	1	2	0	0
（42）	普通燕鸥	*Sterna hirundo*				中澳、中日			√	S	0	0	0	0	0	1
五	鹈形目	**PELECANIFORMES**														
9	鹭科	Ardeidae														
（43）	苍鹭	*Ardea cinerea*							√	S	0	0	0	0	0	2
（44）	白鹭	*Egretta garzetta*							√	S	0	0	1	0	0	0

注：1.《世界自然保护联盟红色名录》等级：“CR”表示极危等级，“EN”表示濒危等级，“VU”表示易危等级；2. 按《濒危野生动植物物种国际贸易公约》（CITES）附录 I 和 II 标注；3. ③按《保护迁徙野生动物物种公约》（CMS）附录 I 和 II 标注；4. 中外候鸟保护协定：“中澳”表示《中华人民共和国政府和澳大利亚政府保护候鸟及其栖息环境协定》，“中日”表示《中华人民共和国政府和日本国政府保护候鸟及其栖息环境协定》；5. 国家重点保护动物等级：I 级、II 级；6.《中国濒危动物红皮书》等级：“E”表示濒危等级，“V”表示易危等级；7.“√”表示隶属“三有保护鸟类”即被列入《国家保护的、有益的或者有重要经济、科学研究价值的陆生野生动物名录》的鸟类；8.“R”表示留鸟（Resident）、“S”表示夏候鸟（Summer visitor）、“P”表示旅鸟（Passage migrant）。

附录三：中华人民共和国政府和澳大利亚政府保护候鸟及其栖息环境的协定

中华人民共和国政府和澳大利亚政府保护候鸟及其栖息环境的协定

（一九八六年二月二十二日国务院批准，一九八六年十月二十日签订，

一九八八年九月一日生效）

中华人民共和国政府和澳大利亚政府（以下简称“缔约双方”）考虑到鸟类是自然环境中的一个重要组成部分，也是一项在科学、文化、娱乐和经济等方面具有重要价值的自然资源；认识到当前国际上十分关注候鸟的保护；注意到现有的双边和多边候鸟保护协定；鉴于很多鸟类是迁徙于中华人民共和国和澳大利亚之间并栖息于两国的候鸟，愿在保护候鸟及栖息环境方面进行合作，经过友好商谈，达成协议如下：

第一条

一、本协定所指的候鸟是：

（一）根据环志或其他标志的回收，证明确实是迁徙于两国之间的鸟类；

（二）缔约双方主管当局根据已发表的文献、图片和其他资料，共同确认迁徙于两国的鸟类。

但是，不包括已知的人为引进任何一国的候鸟。

二、（一）本条第一款所指的候鸟的种名列入本协定附表；

（二）缔约双方主管当局将不定期审议协定附表。如有必要，缔约双方经相互同意，可对本协定附表进行修改；

（三）修改后的本协定附表自缔约双方以外交换文确认之日起第九十天生效。

第二条

一、缔约各方应禁止猎捕候鸟和拣其鸟蛋。但根据各自国家的法律和规章，下列情况除外：

（一）为科学、教育、驯养繁殖以及不违反本协定宗旨的其他特定目的；

（二）为保护人的生命和财产；

（三）本条第三款规定的猎期内；

（四）在特定地区，在候鸟为数众多，并已予适当保护的条件下，当地居民进行以食、衣或文化娱乐为目的的传统性的打猎活动，采集特定的候鸟或其鸟蛋。

二、缔约各方应禁止任何出售、购买和交换候鸟或其鸟蛋（无论是活体还是死体），以及它们的加工品或其一部分，但是不包括本条第一款所允许的目的。

三、缔约各方在考虑维持候鸟每年正常繁殖的情况下，可规定猎期。

第三条

一、缔约各方鼓励交换有关研究候鸟的资料和刊物。

二、缔约各方鼓励保护制定共同研究候鸟的计划。

三、缔约各方鼓励保护候鸟，特别是保护有可能灭绝的候鸟。

第四条

为保护和管理候鸟及其栖息环境，缔约各方应根据各自国家的法律和规章设立保护区和其他保护设施。并采取必要和适当的保护及改善候鸟栖息地的措施，特别是：

一、防止候鸟及其栖息地遭受破坏；

二、限制或防止进口和引进危害候鸟及其栖息环境的动植物。

第五条

应缔约任何一方的要求，缔约双方可对本规定的实施进行协商。

第六条

一、本协定自缔约双方完成为生效所必需的各自国内法律手续并相互通知之日起生效。本协定有效期为十五年，十五年以后，在根据本条第二款的规定宣布终止以前，继续有效。

二、缔约任何一方可在最初十五年期满或在其后的任何时候提前一年，以书面形式预先通知另一方终止本协定。

本协定由各自国家政府的全权代表签署，以资证明。

本协定于一九八六年十月二十日在堪培拉签订，一式两份，每份都用中文和英文写成，两种文本具有同等效力。

中华人民共和国政府全权代表　董绍勇

澳大利亚政府全权代表　Auxmhopm

附表：中澳候鸟保护协定鸟类名录

序号	中文学名	序号	中文学名	序号	中文学名
1	白额鹱	28	铁嘴沙鸻	55	三趾鹬
2	灰鹱	29	红胸鸻	56	阔嘴鹬
3	白腰叉尾海燕	30	小杓鹬	57	流苏鹬
4	白尾鹲	31	中杓鹬	58	红颈瓣蹼鹬
5	红脚鲣鸟	32	白腰杓鹬	59	灰瓣蹼鹬
6	褐鲣鸟	33	大杓鹬	60	普通燕鸻
7	小军舰鸟	34	黑尾塍鹬	61	中贼鸥
8	白腹军舰鸟	35	斑尾塍鹬	62	白翅浮鸥
9	白斑军舰鸟	36	红脚鹬	63	黑浮鸥
10	牛背鹭	37	泽鹬	64	红嘴巨鸥
11	大白鹭	38	青脚鹬	65	普通燕鸥
12	岩鹭	39	林鹬	66	黑枕燕鸥
13	黄苇鳽	40	矶鹬	67	褐翅燕鸥
14	彩鹮	41	漂鹬	68	白额燕鸥
15	白眉鸭	42	翘嘴鹬	69	小凤头燕鸥
16	琵嘴鸭	43	翻石鹬	70	白顶玄鸥
17	白腹海雕	44	半蹼鹬	71	中杜鹃
18	赤颈鹤	45	澳南沙锥	72	白喉针尾雨燕
19	红脚斑秧鸡	46	针尾沙锥	73	白腰雨燕
20	长脚秧鸡	47	大沙锥	74	家燕
21	水雉	48	红腹滨鹬	75	斑腰燕
22	彩鹬	49	大滨鹬	76	黄鹡鸰
23	灰斑鸻	50	红颈滨鹬	77	黄头鹡鸰
24	美洲金鸻	51	长趾滨鹬	78	灰鹡鸰
25	剑鸻	52	尖尾滨鹬	79	白鹡鸰
26	金眶鸻	53	黑腹滨鹬	80	大苇莺
27	蒙古沙鸻	54	弯嘴滨鹬	81	极北柳莺

附录四：中华人民共和国政府和日本国政府保护候鸟及其栖息环境协定

中华人民共和国政府和日本国政府保护候鸟及其栖息环境协定

（签订日期一九八一年三月三日 生效日期一九八一年六月八日）

中华人民共和国政府和日本国政府考虑到鸟类是自然生态系的一个重要因素，也是一项在艺术、科学、文化、娱乐、经济等方面具有重要价值的自然资源，鉴于很多种鸟类是迁徙于两国之间并季节性地栖息于两国的候鸟，在保护和管理候鸟及其栖息环境方面进行合作，达成协议如下：

第一条

一、本协定中所指的候鸟是：

（一）根据环志或其他标志的回收，证明确实迁徙于两国之间的鸟类；

（二）根据标本、照片、科学资料或其他可靠证据，证明确实栖息于两国的迁徙鸟类。

二、（一）本条第一款所指的候鸟的种名列入本协定附表；

（二）在不修改本协定正文的情况下，经两国政府同意，本协定附表可予以修改，其修改自两国政府以外交换文确认之日起第九十天生效。

第二条

一、猎捕候鸟和拣取其鸟蛋，应予以禁止。但根据各自国家的法律和规章，下列情况可以除外：

（一）为科学、教育、驯养繁殖以及不违反本协定宗旨的其他特定目的；

（二）为保护人的生命和财产；

（三）本条第三款所规定的猎期内。

二、违反本条第一款的规定而猎捕的候鸟，拣取的候鸟鸟蛋以及它们的加工品或其一部分，应禁止出售、购买和交换。

三、两国政府可按照候鸟的生息状况，根据各自国家的法律和规章规定候鸟的猎期。

第三条

一、两国政府鼓励交换有关研究候鸟的资料和刊物。

二、两国政府鼓励制定候鸟的共同研究计划。

三、两国政府鼓励保护候鸟，特别是保护有可能灭绝的候鸟。

第四条

两国政府为保护和管理候鸟及其栖息环境，根据各自国家的法律和规章设立保护区，并采取其他适当措施，特别是：

（一）探讨防止危害候鸟及其栖息环境的方法；

（二）努力限制进口和引进对保护候鸟有害的动植物。

第五条

应任何一方政府的要求，两国政府可对本协定的实施进行协商。

第六条

一、本协定在各自国家履行为生效所必要的国内法律手续并交换确认通知之日起生效。本协定有效期为十五年，十五年以后，在根据本条第二款的规定宣布终止以前，继续有效。

二、任何一方政府在最初十五年期满时或在其后，可以在一年以前，以书面预先通知另一方政府，随时终止本协定。

下列代表，经各自政府正式授权，已在本协定上签字为证。

本协定于一九八一年三月三日在北京签订，一式两份，每份都用中文和日文写成，两种文本具有同等效力。

中华人民共和国政府代表　雍文涛

日本国政府代表　吉田健三

附表：中日候鸟保护协定鸟类名录

序号	中文学名	序号	中文学名	序号	中文学名
1	红喉潜鸟	77	凤头麦鸡	153	黄鹡鸰
2	黑喉潜鸟	78	灰斑鸻	154	黄头鹡鸰
3	白嘴潜鸟	79	金斑鸻	155	白鹡鸰
4	角䴙䴘	80	蒙古沙鸻	156	田鹨
5	黑颈䴙䴘	81	铁嘴沙鸻	157	树鹨
6	凤头䴙䴘	82	中杓鹬	158	北鹨
7	短尾信天翁	83	白腰杓鹬	159	红喉鹨
8	黑脚信天翁	84	大杓鹬	160	水鹨
9	燕鹱	85	黑尾塍鹬	161	灰山椒鸟
10	黑叉尾海燕	86	斑尾塍鹬	162	太平鸟
11	海鸬鹚	87	鹤鹬	163	小太平鸟
12	草鹭	88	红脚鹬	164	虎纹伯劳
13	绿鹭	89	泽鹬	165	红尾伯劳
14	牛背鹭	90	青脚鹬	166	灰伯劳
15	大白鹭	91	白腰草鹬	167	黑枕黄鹂
16	中白鹭	92	林鹬	168	紫背椋鸟
17	夜鹭	93	小青脚鹬	169	秃鼻乌鸦
18	栗头虎斑鳽	94	矶鹬	170	寒鸦
19	黑冠虎斑鳽	95	灰尾漂鹬	171	日本歌鸲
20	黄斑苇鳽	96	翘嘴鹬	172	红尾歌鸲
21	紫背苇鳽	97	翻石鹬	173	红点颏
22	大麻鳽	98	孤沙锥	174	蓝点颏
23	黑鹳	99	大沙锥	175	红胁蓝尾鸲
24	东方白鹳	100	扇尾沙锥	176	北红尾鸲
25	白琵鹭	101	丘鹬	177	黑喉石䳭
26	黑脸琵鹭	102	红腹滨鹬	178	白眉地鸫
27	黑雁	103	大滨鹬	179	虎斑地鸫
28	鸿雁	104	红颈滨鹬	180	灰背鸫
29	豆雁	105	长趾滨鹬	181	乌灰鸫
30	白额雁	106	青脚滨鹬	182	白腹鸫
31	小白额雁	107	尖尾滨鹬	183	斑鸫
32	大天鹅	108	黑腹滨鹬	184	鳞头树莺

序号	中文学名	序号	中文学名	序号	中文学名
33	小天鹅	109	弯嘴滨鹬	185	北蝗莺
34	赤麻鸭	110	三趾鹬	186	矛斑蝗莺
35	翘鼻麻鸭	111	勺嘴鹬	187	苍眉蝗莺
36	针尾鸭	112	阔嘴鹬	188	大苇莺
37	绿翅鸭	113	流苏鹬	189	黑眉苇莺
38	花脸鸭	114	黑翅长脚鹬	190	黄眉柳莺
39	罗纹鸭	115	反嘴鹬	191	极北柳莺
40	绿头鸭	116	红颈瓣蹼鹬	192	淡灰脚柳莺
41	赤膀鸭	117	灰瓣蹼鹬	193	冕柳莺
42	赤颈鸭	118	普通燕鸻	194	白眉姬鹟
43	白眉鸭	119	中贼鸥	195	黄眉姬鹟
44	琵嘴鸭	120	海鸥	196	鸲姬鹟
45	红头潜鸭	121	银鸥	197	白腹蓝姬鹟
46	青头潜鸭	122	灰背鸥	198	乌鹟
47	凤头潜鸭	123	红嘴鸥	199	灰纹鹟
48	斑背潜鸭	124	三趾鸥	200	北灰鹟
49	斑脸海番鸭	125	普通燕鸥	201	紫寿带
50	丑鸭	126	粉红燕鸥	202	山麻雀
51	长尾鸭	127	黑枕燕鸥	203	燕雀
52	鹊鸭	128	褐翅燕鸥	204	黄雀
53	斑头秋沙鸭	129	乌燕鸥	205	白腰朱顶雀
54	红胸秋沙鸭	130	白额燕鸥	206	极北朱顶雀
55	普通秋沙鸭	131	斑海雀	207	北岭雀
56	松雀鹰	132	扁嘴海雀	208	普通朱雀
57	毛脚鵟	133	棕腹杜鹃	209	北朱雀
58	灰脸鵟鹰	134	大杜鹃	210	红交嘴雀
59	虎头海雕	135	中杜鹃	211	白翅交嘴雀
60	白尾鹞	136	小杜鹃	212	红头灰雀
61	白头鹞	137	雪鸮	213	黑尾蜡嘴雀
62	矛隼	138	长耳鸮	214	锡嘴雀
63	燕隼	139	短耳鸮	215	白头鹀
64	灰背隼	140	普通夜鹰	216	黄胸鹀
65	鹌鹑	141	白喉针尾雨燕	217	黄喉鹀

序号	中文学名	序号	中文学名	序号	中文学名
66	灰鹤	142	白腰雨燕	218	灰头鹀
67	白头鹤	143	小白腰雨燕	219	硫黄鹀
68	白枕鹤	144	赤翡翠	220	赤胸鹀
69	普通秧鸡	145	三宝鸟	221	田鹀
70	小田鸡	146	蓝翅八色鸫	222	小鹀
71	红胸田鸡	147	角百灵	223	白眉鹀
72	花田鸡	148	灰沙燕	224	苇鹀
73	董鸡	149	家燕	225	芦鹀
74	黑水鸡	150	金腰燕	226	铁爪鹀
75	彩鹬	151	白腹毛脚燕	227	雪鹀
76	蛎鹬	152	山鹡鸰		

附录五：国家重点保护野生动物名录

国家林业和草原局　农业农村部公告

（2021年第3号）

《国家重点保护野生动物名录》于2021年1月4日经国务院批准，现予以公布，自公布之日起施行。

本公告发布前已经合法开展人工繁育经营活动，因名录调整依法需要变更、申办有关管理证件、行政许可决定的，应当于2021年6月30日前提出申请，在行政许可决定作出前，可依法继续从事相关活动。

特此公告。

国家林业和草原局
农业农村部
2021年2月1日

附表：国家重点保护野生动物名录（鸟类部分）

中文学名	保护级别		中文学名	保护级别		中文学名	保护级别	
	I	II		I	II		I	II
鸡形目			遗鸥	I		绿喉蜂虎		II
雉科			大凤头燕鸥		II	蓝颊蜂虎		II
环颈山鹧鸪		II	中华凤头燕鸥	I		栗喉蜂虎		II
四川山鹧鸪	I		河燕鸥	I		彩虹蜂虎		II
红喉山鹧鸪		II	黑腹燕鸥		II	蓝喉蜂虎		II
白眉山鹧鸪		II	黑浮鸥		II	栗头蜂虎		II
白颊山鹧鸪		II	海雀科			翠鸟科		
褐胸山鹧鸪		II	冠海雀		II	鹳嘴翡翠		II
红胸山鹧鸪		II	*鹱形目*			白胸翡翠		II
台湾山鹧鸪		II	信天翁科			蓝耳翠鸟		II
海南山鹧鸪	I		黑脚信天翁	I		斑头大翠鸟		II

中文学名	保护级别		中文学名	保护级别		中文学名	保护级别	
	I	II		I	II		I	II
绿脚树鹧鸪		II	短尾信天翁	I		*啄木鸟目*		
花尾榛鸡		II	*鹳形目*			啄木鸟科		
斑尾榛鸡	I		鹳科			白翅啄木鸟		II
镰翅鸡		II	彩鹳	I		三趾啄木鸟		II
松鸡		II	黑鹳	I		白腹黑啄木鸟		II
黑嘴松鸡	I		白鹳	I		黑啄木鸟		II
黑琴鸡	I		东方白鹳	I		大黄冠啄木鸟		II
岩雷鸟		II	秃鹳		II	黄冠啄木鸟		II
柳雷鸟		II	*鲣鸟目*			红颈绿啄木鸟		II
红喉雉鹑	I		军舰鸟科			大灰啄木鸟		II
黄喉雉鹑	I		白腹军舰鸟	I		*隼形目 #*		
暗腹雪鸡		II	黑腹军舰鸟		II	隼科		
藏雪鸡		II	白斑军舰鸟		II	红腿小隼		II
阿尔泰雪鸡		II	鲣鸟科 #			白腿小隼		II
大石鸡		II	蓝脸鲣鸟		II	黄爪隼		II
血雉		II	红脚鲣鸟		II	红隼		II
黑头角雉	I		褐鲣鸟		II	西红脚隼		II
红胸角雉	I		鸬鹚科			红脚隼		II
灰腹角雉	I		黑颈鸬鹚		II	灰背隼		II
红腹角雉		II	海鸬鹚		II	燕隼		II
黄腹角雉	I		*鹈形目*			猛隼		II
勺鸡		II	鹮科			猎隼	I	
棕尾虹雉	I		黑头白鹮	I		矛隼	I	
白尾梢虹雉	I		白肩黑鹮	I		游隼		II
绿尾虹雉	I		朱鹮	I		*鹦形目 #*		
红原鸡		II	彩鹮	I		鹦鹉科		
黑鹇		II	白琵鹭		II	短尾鹦鹉		II
白鹇		II	黑脸琵鹭	I		蓝腰鹦鹉		II
蓝腹鹇	I		鹭科			亚历山大鹦鹉		II
白马鸡		II	小苇鳽		II	红领绿鹦鹉		II
藏马鸡		II	海南鳽	I		青头鹦鹉		II
褐马鸡	I		栗头鳽		II	灰头鹦鹉		II

中文学名	保护级别	
	I	II
蓝马鸡		II
白颈长尾雉	I	
黑颈长尾雉	I	
黑长尾雉	I	
白冠长尾雉	I	
红腹锦鸡		II
白腹锦鸡		II
灰孔雀雉	I	
海南孔雀雉	I	
绿孔雀	I	
雁形目		
鸭科		
栗树鸭		II
鸿雁		II
白额雁		II
小白额雁		II
红胸黑雁		II
疣鼻天鹅		II
小天鹅		II
大天鹅		II
鸳鸯		II
棉凫		II
花脸鸭		II
云石斑鸭		II
青头潜鸭	I	
斑头秋沙鸭		II
中华秋沙鸭	I	
白头硬尾鸭	I	
白翅栖鸭		II
䴙䴘目		
䴙䴘科		
赤颈䴙䴘		II
黑冠鳽		II
白腹鹭	I	
岩鹭		II
黄嘴白鹭	I	
鹈鹕科 #		
白鹈鹕	I	
斑嘴鹈鹕	I	
卷羽鹈鹕	I	
鹰形目 #		
鹗科		
鹗		II
鹰科		
黑翅鸢		II
胡兀鹫	I	
白兀鹫		II
鹃头蜂鹰		II
凤头蜂鹰		II
褐冠鹃隼		II
黑冠鹃隼		II
兀鹫		II
长嘴兀鹫		II
白背兀鹫	I	
高山兀鹫		II
黑兀鹫	I	
秃鹫	I	
蛇雕		II
短趾雕		II
凤头鹰雕		II
鹰雕		II
棕腹隼雕		II
林雕		II
乌雕	I	
花头鹦鹉		II
大紫胸鹦鹉		II
绯胸鹦鹉		II
雀形目		
八色鸫科 #		
双辫八色鸫		II
蓝枕八色鸫		II
蓝背八色鸫		II
栗头八色鸫		II
蓝八色鸫		II
绿胸八色鸫		II
仙八色鸫		II
蓝翅八色鸫		II
阔嘴鸟科 #		
长尾阔嘴鸟		II
银胸丝冠鸟		II
黄鹂科		
鹊鹂		II
卷尾科		
小盘尾		II
大盘尾		II
鸦科		
黑头噪鸦	I	
蓝绿鹊		II
黄胸绿鹊		II
黑尾地鸦		II
白尾地鸦		II
山雀科		
白眉山雀		II
红腹山雀		II
百灵科		
歌百灵		II

中文学名	保护级别	
	I	II
角䴙䴘		II
黑颈䴙䴘		II
鸽形目		
鸠鸽科		
中亚鸽		II
斑尾林鸽		II
紫林鸽		II
斑尾鹃鸠		II
菲律宾鹃鸠		II
小鹃鸠	I	
橙胸绿鸠		II
灰头绿鸠		II
厚嘴绿鸠		II
黄脚绿鸠		II
针尾绿鸠		II
楔尾绿鸠		II
红翅绿鸠		II
红顶绿鸠		II
黑颏果鸠		II
绿皇鸠		II
山皇鸠		II
沙鸡目		
沙鸡科		
黑腹沙鸡		II
夜鹰目		
蛙口夜鹰科		
黑顶蛙口夜鹰		II
凤头雨燕科		
凤头雨燕		II
雨燕科		
爪哇金丝燕		II
灰喉针尾雨燕		II
靴隼雕		II
草原雕	I	
白肩雕	I	
金雕	I	
白腹隼雕		II
凤头鹰		II
褐耳鹰		II
赤腹鹰		II
日本松雀鹰		II
松雀鹰		II
雀鹰		II
苍鹰		II
白头鹞		II
白腹鹞		II
白尾鹞		II
草原鹞		II
鹊鹞		II
乌灰鹞		II
黑鸢		II
栗鸢		II
白腹海雕	I	
玉带海雕	I	
白尾海雕	I	
虎头海雕	I	
渔雕		II
白眼鵟鹰		II
棕翅鵟鹰		II
灰脸鵟鹰		II
毛脚鵟		II
大鵟		II
普通鵟		II
喜山鵟		II
蒙古百灵		II
云雀		II
苇莺科		
细纹苇莺		II
鹎科		
台湾鹎		II
莺鹛科		
金胸雀鹛		II
宝兴鹛雀		II
中华雀鹛		II
三趾鸦雀		II
白眶鸦雀		II
暗色鸦雀		II
灰冠鸦雀	I	
短尾鸦雀		II
震旦鸦雀		II
绣眼鸟科		
红胁绣眼鸟		II
林鹛科		
淡喉鹩鹛		II
弄岗穗鹛		II
幽鹛科		
金额雀鹛	I	
噪鹛科		
大草鹛		II
棕草鹛		II
画眉		II
海南画眉		II
台湾画眉		II
褐胸噪鹛		II
黑额山噪鹛	I	
斑背噪鹛		II

中文学名	保护级别		中文学名	保护级别		中文学名	保护级别	
	I	II		I	II		I	II
鹃形目			欧亚鵟		II	白点噪鹛	I	
杜鹃科			棕尾鵟		II	大噪鹛		II
褐翅鸦鹃		II	*鸮形目 #*			眼纹噪鹛		II
小鸦鹃		II	鸱鸮科			黑喉噪鹛		II
鸨形目 #			黄嘴角鸮		II	蓝冠噪鹛	I	
鸨科			领角鸮		II	棕噪鹛		II
大鸨	I		北领角鸮		II	橙翅噪鹛		II
波斑鸨	I		纵纹角鸮		II	红翅噪鹛		II
小鸨	I		西红角鸮		II	红尾噪鹛		II
鹤形目			红角鸮		II	黑冠薮鹛	I	
秧鸡科			优雅角鸮		II	灰胸薮鹛	I	
花田鸡		II	雪鸮		II	银耳相思鸟		II
长脚秧鸡		II	雕鸮		II	红嘴相思鸟		II
棕背田鸡		II	林雕鸮		II	旋木雀科		
姬田鸡		II	毛腿雕鸮	I		四川旋木雀		II
斑胁田鸡		II	褐渔鸮		II	䴓科		
紫水鸡		II	黄腿渔鸮		II	滇䴓		II
鹤科 #			褐林鸮		II	巨䴓		II
白鹤	I		灰林鸮		II	丽䴓		II
沙丘鹤		II	长尾林鸮		II	椋鸟科		
白枕鹤	I		四川林鸮	I		鹩哥		II
赤颈鹤	I		乌林鸮		II	鸫科		
蓑羽鹤		II	猛鸮		II	褐头鸫		II
丹顶鹤	I		花头鸺鹠		II	紫宽嘴鸫		II
灰鹤		II	领鸺鹠		II	绿宽嘴鸫		II
白头鹤	I		斑头鸺鹠		II	鹟科		
黑颈鹤	I		纵纹腹小鸮		II	棕头歌鸲	I	
鸻形目			横斑腹小鸮		II	红喉歌鸲		II
石鸻科			鬼鸮		II	黑喉歌鸲		II
大石鸻		II	鹰鸮		II	金胸歌鸲		II
鹮嘴鹬科			日本鹰鸮		II	蓝喉歌鸲		II
鹮嘴鹬		II	长耳鸮		II	新疆歌鸲		II

中文学名	保护级别		中文学名	保护级别		中文学名	保护级别	
	I	II		I	II		I	II
鸻科			短耳鸮		II	棕腹林鸲		II
黄颊麦鸡		II	草鸮科			贺兰山红尾鸲		II
水雉科			仓鸮		II	白喉石䳭		II
水雉		II	草鸮		II	白喉林鹟		II
铜翅水雉		II	栗鸮		II	棕腹大仙鹟		II
鹬科			*咬鹃目 #*			大仙鹟		II
林沙锥		II	咬鹃科			岩鹨科		
半蹼鹬		II	橙胸咬鹃		II	贺兰山岩鹨		II
小杓鹬		II	红头咬鹃		II	朱鹀科		
白腰杓鹬		II	红腹咬鹃		II	朱鹀		II
大杓鹬		II	*犀鸟目*			燕雀科		
小青脚鹬	I		犀鸟科 #			褐头朱雀		II
翻石鹬		II	白喉犀鸟	I		藏雀		II
大滨鹬		II	冠斑犀鸟	I		北朱雀		II
勺嘴鹬	I		双角犀鸟	I		红交嘴雀		II
阔嘴鹬		II	棕颈犀鸟	I		鹀科		
燕鸻科			花冠皱盔犀鸟	I		蓝鹀		II
灰燕鸻		II	*佛法僧目*			栗斑腹鹀	I	
鸥科			蜂虎科			黄胸鹀	I	
黑嘴鸥	I		赤须蜂虎		II	藏鹀		II
小鸥		II	蓝须蜂虎		II			

注：# 代表该分类单元所有种均列入名录。

附录六：国家保护的、有益的或者有重要经济、科学研究价值的陆生野生动物名录

国家林业局令

（第 7 号）

现发布《国家保护的、有益的或者有重要经济、科学研究价值的陆生野生动物名录》，自发布之日起施行。

国家林业局局长　王志宝

二OOO年八月一日

附表：“三有”名录（鸟类部分）

序号	中文学名	序号	中文学名	序号	中文学名	序号	中文学名
1	红喉潜鸟	178	灰瓣蹼鹬	355	长尾山椒鸟	532	黄额鸦雀
2	黑喉潜鸟	179	石鸻	356	短嘴山椒鸟	533	黑喉鸦雀
3	小鸊鷉	180	大石鸻	357	赤红山椒鸟	534	短尾鸦雀
4	黑颈鸊鷉	181	领燕鸻	358	褐背鹟鵙	535	黑眉鸦雀
5	凤头鸊鷉	182	普通燕鸻	359	钩嘴林鵙	536	红头鸦雀
6	黑脚信天翁	183	中贼鸥	360	凤头雀嘴鹎	537	灰头鸦雀
7	白额鹱	184	黑尾鸥	361	领雀嘴鹎	538	震旦鸦雀
8	灰鹱	185	海鸥	362	红耳鹎	539	山鹛
9	短尾鹱	186	银鸥	363	黄臀鹎	540	鳞头树莺
10	纯褐鹱	187	灰背鸥	364	白头鹎	541	巨嘴短翅莺
11	白腰叉尾海燕	188	灰翅鸥	365	台湾鹎	542	斑背大尾莺
12	黑叉尾海燕	189	北极鸥	366	白喉红臀鹎	543	北蝗莺
13	白尾鹲	190	渔鸥	367	黑短脚鹎	544	矛斑蝗莺
14	普通鸬鹚	191	红嘴鸥	368	黑翅雀鹎	545	苍眉蝗莺
15	暗绿背鸬鹚	192	棕头鸥	369	大绿雀鹎	546	大苇莺
16	红脸鸬鹚	193	细嘴鸥	370	蓝翅叶鹎	547	黑眉苇莺
17	小军舰鸟	194	黑嘴鸥	371	金额叶鹎	548	细纹苇莺
18	白斑军舰鸟	195	楔尾鸥	372	橙腹叶鹎	549	叽咋柳莺
19	苍鹭	196	三趾鸥	373	和平鸟	550	东方叽咋柳莺
20	草鹭	197	须浮鸥	374	太平鸟	551	林柳莺

序号	中文学名	序号	中文学名	序号	中文学名	序号	中文学名
21	绿鹭	198	白翅浮鸥	375	小太平鸟	552	黄腹柳莺
22	池鹭	199	鸥嘴噪鸥	376	虎纹伯劳	553	棕腹柳莺
23	牛背鹭	200	红嘴巨鸥	377	牛头伯劳	554	灰柳莺
24	大白鹭	201	普通燕鸥	378	红背伯劳	555	褐柳莺
25	白鹭	202	粉红燕鸥	379	红尾伯劳	556	烟柳莺
26	中白鹭	203	黑枕燕鸥	380	荒漠伯劳	557	棕眉柳莺
27	夜鹭	204	黑腹燕鸥	381	栗背伯劳	558	巨嘴柳莺
28	栗头鳽	205	白腰燕鸥	382	棕背伯劳	559	橙斑翅柳莺
29	黑冠鳽	206	褐翅燕鸥	383	灰背伯劳	560	黄眉柳莺
30	黄苇鳽	207	乌燕鸥	384	黑额伯劳	561	黄腰柳莺
31	紫背苇鳽	208	白额燕鸥	385	灰伯劳	562	甘肃柳莺
32	栗苇鳽	209	大凤头燕鸥	386	楔尾伯劳	563	四川柳莺
33	黑鳽	210	小凤头燕鸥	387	金黄鹂	564	灰喉柳莺
34	大麻鳽	211	白顶玄鸥	388	黑枕黄鹂	565	极北柳莺
35	东方白鹳	212	白玄鸥	389	黑头黄鹂	566	乌嘴柳莺
36	秃鹳	213	斑海雀	390	朱鹂	567	暗绿柳莺
37	大红鹳	214	扁嘴海雀	391	鹊色鹂	568	双斑绿柳莺
38	黑雁	215	冠海雀	392	黑卷尾	569	灰脚柳莺
39	鸿雁	216	角嘴海雀	393	灰卷尾	570	冕柳莺
40	豆雁	217	毛腿沙鸡	394	鸦嘴卷尾	571	冠纹柳莺
41	小白额雁	218	西藏毛腿沙鸡	395	古铜色卷尾	572	峨嵋柳莺
42	灰雁	219	雪鸽	396	发冠卷尾	573	海南柳莺
43	斑头雁	220	岩鸽	397	小盘尾	574	白斑尾柳莺
44	雪雁	221	原鸽	398	大盘尾	575	黑眉柳莺
45	栗树鸭	222	欧鸽	399	灰头椋鸟	576	戴菊
46	赤麻鸭	223	中亚鸽	400	灰背椋鸟	577	台湾戴菊
47	翘鼻麻鸭	224	点斑林鸽	401	紫背椋鸟	578	宽嘴鹟莺
48	针尾鸭	225	灰林鸽	402	北椋鸟	579	凤头雀莺
49	绿翅鸭	226	紫林鸽	403	粉红椋鸟	580	白喉林鹟
50	花脸鸭	227	黑林鸽	404	紫翅椋鸟	581	白眉姬鹟
51	罗纹鸭	228	欧斑鸠	405	黑冠椋鸟	582	黄眉姬鹟
52	绿头鸭	229	山斑鸠	406	丝光椋鸟	583	鸲姬鹟
53	斑嘴鸭	230	灰斑鸠	407	灰椋鸟	584	红喉姬鹟
54	赤膀鸭	231	珠颈斑鸠	408	黑领椋鸟	585	棕腹大仙鹟
55	赤颈鸭	232	棕斑鸠	409	红嘴椋鸟	586	乌鹟
56	白眉鸭	233	火斑鸠	410	斑椋鸟	587	灰纹鹟
57	琵嘴鸭	234	绿翅金鸠	411	家八哥	588	北灰鹟

序号	中文学名	序号	中文学名	序号	中文学名	序号	中文学名
58	云石斑鸭	235	红翅凤头鹃	412	八哥	589	褐胸鹟
59	赤嘴潜鸭	236	斑翅凤头鹃	413	林八哥	590	寿带
60	红头潜鸭	237	鹰鹃	414	白领八哥	591	紫寿带
61	白眼潜鸭	238	棕腹杜鹃	415	金冠树八哥	592	大山雀
62	青头潜鸭	239	四声杜鹃	416	鹩哥	593	西域山雀
63	凤头潜鸭	240	大杜鹃	417	黑头噪鸦	594	绿背山雀
64	斑背潜鸭	241	中杜鹃	418	短尾绿鹊	595	台湾黄山雀
65	棉凫	242	小杜鹃	419	蓝绿鹊	596	黄颊山雀
66	瘤鸭	243	栗斑杜鹃	420	红嘴蓝鹊	597	黄腹山雀
67	小绒鸭	244	八声杜鹃	421	台湾蓝鹊	598	灰蓝山雀
68	黑海番鸭	245	翠金鹃	422	灰喜鹊	599	煤山雀
69	斑脸海番鸭	246	紫金鹃	423	喜鹊	600	黑冠山雀
70	丑鸭	247	乌鹃	424	灰树鹊	601	褐冠山雀
71	长尾鸭	248	噪鹃	425	白尾地鸦	602	沼泽山雀
72	鹊鸭	249	绿嘴地鹃	426	秃鼻乌鸦	603	褐头山雀
73	白头硬尾鸭	250	黑顶蛙嘴鸱	427	达乌里寒鸦	604	白眉山雀
74	白秋沙鸭	251	毛腿夜鹰	428	渡鸦	605	红腹山雀
75	红胸秋沙鸭	252	普通夜鹰	429	棕眉山岩鹨	606	杂色山雀
76	普通秋沙鸭	253	欧夜鹰	430	贺兰山岩鹨	607	黄眉林雀
77	松鸡	254	中亚夜鹰	431	栗背短翅鸫	608	冕雀
78	雪鹑	255	埃及夜鹰	432	锈腹短翅鸫	609	银喉长尾山雀
79	石鸡	256	长尾夜鹰	433	日本歌鸲	610	红头长尾山雀
80	大石鸡	257	林夜鹰	434	红尾歌鸲	611	黑眉长尾山雀
81	中华鹧鸪	258	爪哇金丝燕	435	红喉歌鸲	612	银脸长尾山雀
82	灰山鹑	259	短嘴金丝燕	436	蓝喉歌鸲	613	淡紫䴓
83	斑翅山鹑	260	大金丝燕	437	棕头歌鸲	614	巨䴓
84	高原山鹑	261	白喉针尾雨燕	438	金胸歌鸲	615	丽䴓
85	鹌鹑	262	普通楼燕	439	黑喉歌鸲	616	滇䴓
86	蓝胸鹑	263	白腰雨燕	440	蓝歌鸲	617	攀雀
87	环颈山鹧鸪	264	小白腰雨燕	441	红肋蓝尾鸲	618	紫颊直嘴太阳鸟
88	红胸山鹧鸪	265	棕雨燕	442	棕腹林鸲	619	黄腹花蜜鸟
89	绿脚山鹧鸪	266	红头咬鹃	443	台湾林鸲	620	紫色蜜鸟
90	红喉山鹧鸪	267	红腹咬鹃	444	鹊鸲	621	蓝枕花蜜鸟
91	白颊山鹧鸪	268	普通翠鸟	445	贺兰山红尾鸲	622	黑胸太阳鸟
92	褐胸山鹧鸪	269	斑头大翠鸟	446	北红尾鸲	623	黄腰太阳鸟
93	白眉山鹧鸪	270	蓝翡翠	447	蓝额长脚地鸲	624	火尾太阳鸟
94	台湾山鹧鸪	271	黄喉蜂虎	448	紫宽嘴鸫	625	蓝喉太阳鸟

序号	中文学名	序号	中文学名	序号	中文学名	序号	中文学名
95	棕胸竹鸡	272	栗喉蜂虎	449	绿宽嘴鸫	626	绿喉太阳鸟
96	灰胸竹鸡	273	蓝喉蜂虎	450	白喉石鵖	627	叉尾太阳鸟
97	藏马鸡	274	蓝须夜蜂虎	451	黑喉石鵖	628	长嘴捕蛛鸟
98	雉鸡	275	蓝胸佛法僧	452	黑白林鵖	629	纹背捕蛛鸟
99	普通秧鸡	276	棕胸佛法僧	453	台湾紫啸鸫	630	暗绿绣眼鸟
100	蓝胸秧鸡	277	三宝鸟	454	白眉地鸫	631	红胁绣眼鸟
101	红腿斑秧鸡	278	戴胜	455	虎斑地鸫	632	灰腹绣眼鸟
102	白喉斑秧鸡	279	大拟啄木鸟	456	黑胸鸫	633	树麻雀
103	小田鸡	280	斑头绿拟啄木鸟	457	灰背鸫	634	山麻雀
104	斑胸田鸡	281	黄纹拟啄木鸟	458	乌灰鸫	635	红梅花雀
105	红胸田鸡	282	金喉拟啄木鸟	459	棕背黑头鸫	636	栗腹文鸟
106	斑胁田鸡	283	黑眉拟啄木鸟	460	褐头鸫	637	燕雀
107	红脚苦恶鸟	284	蓝喉拟啄木鸟	461	白腹鸫	638	金翅雀
108	白胸苦恶鸟	285	蓝耳拟啄木鸟	462	斑鸫	639	黄雀
109	董鸡	286	赤胸拟啄木鸟	463	白眉歌鸫	640	白腰朱顶雀
110	黑水鸡	287	蚁鴷	464	宝兴歌鸫	641	极北朱顶雀
111	紫水鸡	288	斑姬啄木鸟	465	剑嘴鹛	642	黄嘴朱顶雀
112	骨顶鸡	289	白眉棕啄木鸟	466	丽星鹩鹛	643	赤胸朱顶雀
113	水雉	290	栗啄木鸟	467	楔头鹩鹛	644	桂红头岭雀
114	彩鹬	291	鳞腹啄木鸟	468	宝兴鹛雀	645	粉红腹岭雀
115	蛎鹬	292	花腹啄木鸟	469	矛纹草鹛	646	大朱雀
116	凤头麦鸡	293	鳞喉啄木鸟	470	大草鹛	647	拟大朱雀
117	灰头麦鸡	294	灰头啄木鸟	471	棕草鹛	648	红胸朱雀
118	肉垂麦鸡	295	红颈啄木鸟	472	黑脸噪鹛	649	暗胸朱雀
119	距翅麦鸡	296	大黄冠啄木鸟	473	白喉噪鹛	650	赤朱雀
120	灰斑鸻	297	黄冠啄木鸟	474	白冠噪鹛	651	沙色朱雀
121	金斑鸻	298	金背三趾啄木鸟	475	小黑领噪鹛	652	红腰朱雀
122	剑鸻	299	竹啄木鸟	476	黑领噪鹛	653	点翅朱雀
123	长嘴剑鸻	300	大灰啄木鸟	477	条纹噪鹛	654	棕朱雀
124	金眶鸻	301	黑啄木鸟	478	白颈噪鹛	655	酒红朱雀
125	环颈鸻	302	大斑啄木鸟	479	褐胸噪鹛	656	玫红眉朱雀
126	蒙古沙鸻	303	白翅啄木鸟	480	黑喉噪鹛	657	红眉朱雀
127	铁嘴沙鸻	304	黄颈啄木鸟	481	黄喉噪鹛	658	曙红朱雀
128	红胸鸻	305	白背啄木鸟	482	杂色噪鹛	659	白眉朱雀
129	东方鸻	306	赤胸啄木鸟	483	山噪鹛	660	普通朱雀
130	小嘴鸻	307	棕腹啄木鸟	484	黑额山噪鹛	661	北朱雀
131	中杓鹬	308	纹胸啄木鸟	485	灰翅噪鹛	662	斑翅朱雀

序号	中文学名	序号	中文学名	序号	中文学名	序号	中文学名
132	白腰杓鹬	309	小斑啄木鸟	486	斑背噪鹛	663	藏雀
133	大杓鹬	310	星头啄木鸟	487	白点噪鹛	664	松雀
134	黑尾塍鹬	311	小星头啄木鸟	488	大噪鹛	665	红交嘴雀
135	斑尾塍鹬	312	三趾啄木鸟	489	眼纹噪鹛	666	白翅交嘴雀
136	鹤鹬	313	黄嘴栗啄木鸟	490	灰肋噪鹛	667	长尾雀
137	红脚鹬	314	大金背啄木鸟	491	棕噪鹛	668	血雀
138	泽鹬	315	歌百灵	492	栗颈噪鹛	669	金枕黑雀
139	青脚鹬	316	蒙古百灵	493	斑胸噪鹛	670	褐灰雀
140	白腰草鹬	317	云雀	494	画眉	671	灰头灰雀
141	林鹬	318	小云雀	495	白颊噪鹛	672	红头灰雀
142	小黄脚鹬	319	角百灵	496	细纹噪鹛	673	灰腹灰雀
143	矶鹬	320	褐喉沙燕	497	蓝翅噪鹛	674	红腹灰雀
144	灰尾漂鹬	321	崖沙燕	498	纯色噪鹛	675	黑头蜡嘴雀
145	漂鹬	322	岩燕	499	橙翅噪鹛	676	黑尾蜡嘴雀
146	翘嘴鹬	323	纯色岩燕	500	灰腹噪鹛	677	锡嘴雀
147	翻石鹬	324	家燕	501	黑顶噪鹛	678	朱鹀
148	半蹼鹬	325	洋斑燕	502	玉山噪鹛	679	黍鹀
149	长嘴鹬	326	金腰燕	503	红头噪鹛	680	白头鹀
150	孤沙锥	327	斑腰燕	504	丽色噪鹛	681	黑头鹀
151	澳南沙锥	328	白腹毛脚燕	505	赤尾噪鹛	682	褐头鹀
152	林沙锥	329	烟腹毛脚燕	506	红翅薮鹛	683	栗鹀
153	针尾沙锥	330	黑喉毛脚燕	507	灰胸薮鹛	684	黄胸鹀
154	大沙锥	331	山鹡鸰	508	黄痣薮鹛	685	黄喉鹀
155	扇尾沙锥	332	黄鹡鸰	509	银耳相思鸟	686	黄鹀
156	丘鹬	333	黄头鹡鸰	510	红嘴相思鸟	687	灰头鹀
157	姬鹬	334	灰鹡鸰	511	棕腹鵙鹛	688	硫黄鹀
158	红腹滨鹬	335	白鹡鸰	512	灰头斑翅鹛	689	圃鹀
159	大滨鹬	336	日本鹡鸰	513	台湾斑翅鹛	690	灰颈鹀
160	红颈滨鹬	337	印度鹡鸰	514	金额雀鹛	691	灰眉岩鹀
161	西方滨鹬	338	田鹨	515	黄喉雀鹛	692	三道眉草鹀
162	长趾滨鹬	339	平原鹨	516	棕头雀鹛	693	栗斑腹鹀
163	小滨鹬	340	布莱氏鹨	517	棕喉雀鹛	694	栗耳鹀
164	青脚滨鹬	341	林鹨	518	褐顶雀鹛	695	田鹀
165	斑胸滨鹬	342	树鹨	519	灰奇鹛	696	小鹀
166	尖尾滨鹬	343	北鹨	520	白耳奇鹛	697	黄眉鹀
167	岩滨鹬	344	草地鹨	521	褐头凤鹛	698	灰鹀
168	黑腹滨鹬	345	红喉鹨	522	红嘴鸦雀	699	白眉鹀

序号	中文学名	序号	中文学名	序号	中文学名	序号	中文学名
169	弯嘴滨鹬	346	粉红胸鹨	523	三趾鸦雀	700	藏鹀
170	三趾鹬	347	水鹨	524	褐鸦雀	701	红颈苇鹀
171	勺嘴鹬	348	山鹨	525	斑胸鸦雀	702	苇鹀
172	阔嘴鹬	349	大鹃䴗	526	点胸鸦雀	703	芦鹀
173	流苏鹬	350	暗灰鹃䴗	527	白眶鸦雀	704	蓝鹀
174	鹮嘴鹬	351	粉红山椒鸟	528	棕翅缘鸦雀	705	凤头鹀
175	黑翅长脚鹬	352	小灰山椒鸟	529	褐翅缘鸦雀	706	铁爪鹀
176	反嘴鹬	353	灰山椒鸟	530	暗色鸦雀	707	雪鹀
177	红颈瓣蹼鹬	354	灰喉山椒鸟	531	灰冠鸦雀		

拉丁名索引

英文名索引

中文名 / 地方名索引

主要参考文献

[1] 陈爽 , 马安青 , 李正炎 , 等 . 基于 RS/GIS 的大辽河口湿地景观格局时空变化研究 [J]. 中国环境监测 , 2011, 27(3):4-8.

[2] 陈小麟 , 方文珍 , 林清贤 , 等 . 福建省滨海湿地水鸟 [M]. 北京 : 高等教育出版社 , 2012.

[3] 关道明 . 中国滨海湿地 [M]. 北京 : 海洋出版社 , 2012.

[4] 国家海洋环境监测中心 . 辽宁团山国家级海洋公园选划论证报告 [R]. 2014.

[5] 国家海洋环境监测中心 . 辽宁团山国家级海洋公园总体规划 (2018—2028 年)[R]. 2018.

[6] 雷威 , 高东旭 , 邢庆会 , 等 . 辽宁营口滨海湿地春季迁徙期水鸟现状评价 [J]. 海洋环境科学 , 2022, 41(1):106-112.

[7] 雷威 , 高东旭 , 周志浩 , 等 . 山东滨州滨海湿地水鸟资源 [M]. 杨凌 : 西北农林科技大学出版社 , 2019.

[8] 雷威 , 邢庆会 , 廖国祥 , 等 . 我国 19 处滨海湿地繁殖季的水鸟调查和评价 [J]. 海洋开发与管理 , 2019, 36(8):3-8.

[9] 雷威 . 应加强对滨海湿地保护工作的监督管理 [J]. 环境经济 , 2021, 8:63-65.

[10] 雷泽锋 , 田晔 , 李孪鑫 , 等 . 莫莫格国家级自然保护区春迁期水鸟群落多样性 [J]. 世界生态学 , 2020, 9(1):1-12.

[11] 刘金 , 阙品甲 , 张正旺 . 中国水鸟的物种多样性及其国家重点保护等级调整的建议 [J]. 湿地科学 , 2019, 17(2):123-136.

[12] 邵志芳 , 胡泓 , 李正炎 , 等 . 基于集对分析模型评价大辽河口生态系统健康 [J]. 中国海洋大学学报 (自然科学版), 2015, 45(5):93-100.

[13] 王丽平 , 王安利 , 南炳旭 , 等 . 大辽河口及其毗邻区域表层沉积物中多环芳烃的分布及其风险评估 [J]. 海洋环境科学 , 2015, 34(6):879-884.

[14] 徐海根 , 崔鹏 , 朱筱佳 , 等 . 全国鸟类多样性观测网络 (China BON-Birds) 建设进展 [J]. 生态与农村环境学报 , 2018, 34(1):1-11.

[15] [英] 约翰 • 马敬能 , 卡伦 • 菲利普斯 , 何芬奇 . 中国鸟类野外手册 [M]. 长沙 : 湖南教育出版社 , 2000.

[16] 郑光美 . 中国鸟类分类与分布名录 (第三版)[M]. 北京 : 科学出版社 , 2017.

[17] 郑光美 , 王岐山 . 中国濒危动物红皮书——鸟类 [M]. 北京 : 科学出版社 , 1998.

[18] BirdLife International. The BirdLife checklist of the birds of the world, with conservation status and taxonomic sources[EB/OL]. Version 4. http://www.birdlife.org, Accessed 16 Jan 2021.

[19] EAAFP Secretariat. East Asian-Australasian Flyway Partnership information brochure[EB/OL]. https://www.eaaflyway.net, Accessed 13 Jan 2021.

[20] IUCN. IUCN red list of threatened species[EB/OL]. http://www.iucnredlist.org, Accessed 26 Jan 2021.

[21] Wetlands International. Waterbird population estimates[EB/OL]. http://wpe.wetlands.org, Accessed 27 Jan 2021.

[22] Xia SX, Yu XB, Millington S, et al. Identifying priority sites and gaps for the conservation of migratory waterbirds in China's coastal wetlands[J]. Biological Conservation, 2017, 210:72-82.